AI 時代

Before the rise of Machines

蔡恆進、蔡天琪、張文蔚、汪愷 著

的認知邊界

人類能否超越自己的創造物？
從智人到 AlphaGo！
機器崛起前傳，人工智慧的起點

無情智慧的挑戰，人類是否會被取代？
本書探討人工智慧的本質與未來，
從 AlphaGo 大勝李世乭開始，
揭示了 AI 時代帶來的震撼與恐慌。

目錄

第一作者簡介	7
Content Summary 內容提要	9
科學院院士、千人計劃專家、企業家、教育家和哲學家聯袂推薦	11
Preface 混沌初開（推薦序一）	19
Preface 默契道妙　開物天工（推薦序二）	21
Preface 人類與機器人的共存共榮（推薦序三）	23
Preface 十年磨一劍（推薦序四）	25
Author's Preface 自序	27
Prologue 楔子	29
第一部分 牛頓的蘋果	**33**
第一章 你我眼中的不同	36
第二章 概念化的世界	45
第三章 語言的留白	54
第四章 「相安無事」的矛盾	60
第五章 「逼出來的」問題和答案	66

Before the Rise of Machines
從智人到AlphaGo
機器崛起前傳，人工智慧的起點

第二部分 原罪或虛妄　　　　　　　　　　　　　　73

 第六章 愛因斯坦「七二法則」與週期律　　76
 第七章 自我肯定需求與認知膜　　80
 第八章 我自巋然不動　　95
 第九章 決定論與自由意志　　102
 第十章 泡沫與願景　　107

第三部分 青萍之末　　　　　　　　　　　　　　117

 第十一章 為什麼是智人　　120
 第十二章 意識的起點　　125
 第十三章 自我意識與高等智慧　　129
 第十四章 理解何以成為可能　　138
 第十五章 揚帆啟航　　146

第四部分 「孟母三遷」　　　　　　　　　　　　　159

 第十六章 個人認知的躍遷　　162
 第十七章 生而得之的善意　　168
 第十八章 立志與勵志　　172
 第十九章 教與學的神奇　　184
 第二十章 美學與認知膜　　195

第五部分 如如走天涯　　　　　　　　　　　　　201

 第二十一章 思維規律　　204
  一、原初——觸覺大腦假說　　206
  二、汲取——認知坎陷第一定律　　207
  三、開出——認知坎陷第二定律　　208
  四、至臻——認知坎陷第三定律　　210
  五、選擇的空間和自由的可能　　211
  六、「真理」是否可得？　　212

七、通往未來的人類神性	214
第二十二章 蹣跚而來	215
第二十三章 神經網路	224
第二十四章 驀然回首	229
第二十五章 走向何方	234
跋	**243**
參考文獻	**245**

Before the Rise of Machines
從智人到 AlphaGo
機器崛起前傳，人工智慧的起點

第一作者簡介

蔡恆進

　　一九六四年生，資訊工程、管理科學與工程教授、博士生導師，資訊傳播學院名譽院長。一九九五年在美國阿拉斯加大學費爾班克斯分校獲得空間物理博士學位。其對地球磁層能量耦合中的磁場重聯過程，以及夜間近地磁力線磁層亞暴成長相時運動的研究有突破性貢獻，主要研究人工智慧和人的認知本源、服務科學、金融資訊工程等領域。

Before the Rise of Machines
從智人到 AlphaGo
機器崛起前傳,人工智慧的起點

Content Summary 內容提要

　　這是一場關於人類認知的再發現之旅。從生命誕生到人工智慧大行其道,作為宇宙中平凡的一員,我們為何能站在智慧的頂端,成為萬物之靈?千百萬年前,恐龍作為地球的霸主,為什麼沒有演化出高等智慧?從歷史長河中的國家興衰到社會組織中的群體行為,從語言分析哲學中的奇異現象到心靈哲學中的意向性,從自然科學的起源到現代科技的前沿綜述,本書從歷史上的諸多謎題出發,沿著自然科學的思維脈絡,會通陸王心學與心靈哲學,梳理自我意識和人類認知的起源與演化,並將其建構為觸覺大腦假說和認知坎陷三大定律。

　　我們生活的時代正處於機器崛起的前夜,我們對人類智慧的理解,將決定著明天會是一個怎樣的世界。本書將提供一個統一的認知框架,為開闢出新的知識體系提供堅實的基礎。本書深入淺出,觀點深刻而簡潔,內容詳實而具有趣味性,適合對人類智慧和人工智慧有好奇心、對自然科學與社會科學領域的結合感興趣的普通讀者閱讀,也適合從事哲學、自然科學、社會科學以及藝術研究的專業人員參考。

Before the Rise of Machines
從智人到 AlphaGo
機器崛起前傳，人工智慧的起點

科學院院士、千人計劃專家、企業家、教育家和哲學家聯袂推薦

　　創新活動包括概念創新、思維創新、理論創新和技術創新，其中概念創新尤為重要，是創新的源頭。在人工智慧時代到來前夜，本書為破解人類智慧和自我意識之謎提供了獨到而深刻的視角和概念體系，希望它能夠為人工智慧理論研究者以及大眾讀者帶來新的啟發。

——中國科學院院士、中國工程院院士

李德仁

　　人類智慧的起源是什麼？人活著的意義是什麼？人工智慧時代，這些「遠慮」已成「近憂」。面對人工智慧帶來的勞動力分化和機器人威脅，人類應當如何理解和應對，這些終極問題都能在書中找到令人啟迪的論述。如書中所提「坎陷世界統攝原子世界」，人活著的意義最終由人自己而非外部決定，從而構成人類智慧的演化。這種對未來的美好願景正是在一代又一代人的「心」與「智」的助力、傳承中實現。

——騰訊主要創辦人、武漢學院創辦人、一丹獎基金會創辦人

陳一丹

Before the Rise of Machines
從智人到 AlphaGo
機器崛起前傳，人工智慧的起點

教育的核心是塑造「我思」，人工智慧的目標是創造「我在」，二者的本質都是超越人類智慧的結晶。本書作者提出「人人都是神童」、「神童的奧祕在於自我意識的塑造」、「要靠教育為機器立心」，這些犀利的觀點為網際網路時代的教育提供了全新的圖景，是為文明之洞見，時代之先聲。

——新東方創始人

俞敏洪

隨著資訊科技的飛速發展，機器智慧近來受到高度關注。機器何以有智慧？機器智慧和人類智慧是什麼關係？人類智慧中的哪些特殊能力構成機器智慧崛起的關鍵屏障？要想突破這些屏障，需要怎樣的知識儲備和學科建設？這些問題，在今天具有特別重要的意義。本書從物理、生物、生理、心理、語言、文化等多個層面剖析了人類智慧這朵盛開在浩瀚宇宙中的靈性之花，在多學科交叉的「鞍點」上，為破解機器智慧崛起之道提供了豐富的思想營養，讀來令人深受啟迪。

——中國中文資訊學會常務理事、原上海證券交易所 CTO

白碩

200 多年前的英國，面對蒸汽機的到來，有些人嘗試主動改變和接受，另外一些手工業者卻憤怒地砸毀機器，拒絕改變，結果後者被時代淘汰。未來，人工智慧也會改變幾乎所有的行業，而這次，真正能勝出的一定還是提前預測並準備好改變的人，推薦蔡恆進教授及團隊的這本《機器崛起前傳》。

——百度副總裁、李叫獸團隊創始人

李靖

人無遠慮，必有近憂。電腦的出現不足百年，已對人類社會產生了翻天覆地的影響。而隨著人工智慧時代的到來，不僅人類的生活方式會發生革命性的變化，人類作為一個生物群體，如何與機器和人工智慧共存，是否還能保留人類的基本特質，都是在哲學意義上需要認真探索的問題。很高興看到本書作者在這一重大課題上已有深入的思考。對於有興趣探究人類自我意識及智慧在人工智慧時代如何進一步演化的讀者來說，這是一部不可錯過的好書。

──Nine Chapters Capital Management 創始人兼首席投資官

庫超

在即將到來的機器人時代，人類怎樣才能避免從地球上被「刪除」的命運？人與「機器」是否可能友好相處？本書以一種嶄新視角提供了可能的答案：求助於中國儒家哲學智慧並以此對機器人進行教育，而不是西方效率優先的文化（作者認為這種文化會導致機器人消滅人類）。這一方案既是作者對人工智慧發展邏輯的合理推論，也是對人的自我意識起源問題長期研究與思考的結果。因此這一方案充滿了科學的理解與哲學的思考、證據的分析與超前的洞見。

──武漢大學哲學學院黨委書記、全國自然辯證法委員會網路與資訊基礎專業委員會副主任

陳祖亮

就人類智慧及自我意識的演變而言，莊子醉心於前學科的道術時代，未始有夫未始有封也者。《詩經》可詠為博物志，《抱樸子》可讀作化學史。這部打通自然—社會—人文三界的奇書，或可引領現代人重返道樞，得其環中，以應無窮。

──武漢大學通識教育中心主任、文學院二級教授

李建中

Before the Rise of Machines
從智人到 AlphaGo
機器崛起前傳，人工智慧的起點

　　這是一部試圖跨越自然科學與人文科學的作品。它把在對自然事物的研究中確立起來的有效思維方式從「延用」到「自然」的邊緣域，即包括自我意識在內的人類智慧領域。對以自我意識為核心的人類智慧的產生、演化問題，結合了很多自然科學的新知識與新實驗，提出了大膽的假設，並借此對未來的人工智慧做出自己的預判。對人類自身各種複雜問題感興趣的讀者來說，這是一部可供借鑑與反思的作品。

——清華大學哲學系教授、系主任

黃裕生

　　文史之複雜不亞於科學與工程，本書作者兼具文理之長，以「自我肯定需求」為基點，縱論科哲文史，不下二十餘萬言，庖丁解牛，釋歷史週期律、軸心世紀諸多疑惑。作者又能為智慧溯源，為西學把脈，為中學正本，為機器立心。處當今人工智慧文明之世，需要學術自主和文化自覺，而作者蔡君於此有重要貢獻，謹為之推薦。

——中國近代史學家、臺灣中央大學講座教授

汪榮祖

　　古往今來，有關人類認知領域的著作浩如煙海。然唯有此書，看似單薄，卻融自然社科於一體，通中西哲學於一家。不僅如此，本書的每一部分都通俗易懂、令人流連；讀罷全書，則會發現每一個章節的安排都匠心獨具；細讀多遍，更會感嘆本書架構之完整，視野之恢弘。本書已經遠遠超出「欲」、「技」之層次，可謂「道」之境界的上乘。

——武漢大學哲學學院教授

彭富春

觸覺大腦假說和自我肯定需求理論的提出，使得國家、企業和個人的成長機制統一於一個理論基礎之上。這或許正是蔡教授在過去十年中能帶領數百學子在國內外頂級資訊技術大賽中獲得近百項大獎，培養大批精英進入華爾街、網際網路公司高層和世界頂尖人工智慧實驗室，創造人才培養奇蹟的奧妙所在。而認知坎陷三大定律與牛頓三大定律和熱力學三大定律更有異曲同工之妙，期待認知坎陷也能在人文社科領域大放異彩。

　　　　——中央千人計劃聯誼會副祕書長、武漢海外高層次人才聯誼會會長、
　　　　　　爾灣文化董事長、千人智庫創始人
　　　　　　　　　　　　　　　　　　　　　　周懷北

　　在人類思想史上，人如何理解自身一直都是每一代人最希望解決卻又從未解決的課題，其中的一個切入點便是對思維過程中模糊性本質的認知。本書作者以自我和外界的劃分作為智慧的開端，將人對自我邊界以外世界的理解看作一個開放、未完成的系統，並將其抽象為與原子世界對應的坎陷世界，刷新了我們對模糊性和不確定性的理解，並為量化研究模糊現象提供了新的方向。

　　　　　　　　　　　　　　　　　　——美國孟菲斯大學終身教授
　　　　　　　　　　　　　　　　　　　　　　胡祥恩

　　《科學》雜誌把意識列為僅次於宇宙起源的自然之謎。本書縱橫東西方科學與哲學，無論是揭祕軸心世紀、把握儒釋道精髓，還是剖解現代科學脈絡、給出坎陷定律，都因為建立觸覺大腦假說及自我肯定需求這個統一的理論體繫上，而顯得遊刃有餘，這是一本科學探尋意識之謎的破冰之作。

　　　　　　　　　　　　　　　　　　　　　　——虹拓新技術董事長
　　　　　　　　　　　　　　　　　　　　　　　　曹祥東

Before the Rise of Machines
從智人到 AlphaGo
機器崛起前傳，人工智慧的起點

　　隨著人工智慧研究的深入，業界越來越意識到相關工程學問題的哲學面相，尤其是意識到了對於意識與智慧之本質的哲學探索的重要性。蔡恆進教授等人所完成的這部著作，以通俗易懂的文筆，切入機器智慧與人類智慧所共通的一系列基本問題，發人深思而時有洞見。其中，書中所提到的要教化未來的人工智慧系統以「仁愛」之精神對待人類的觀點，本人亦極為贊同，竊認為是未來化解人─機關係的一條重要精神指導。希望此書能夠引發文、理交叉思維在中國的進一步勃興。

——人工智慧哲學專家
徐英瑾

　　人類對於世界的認識是不斷深化的。如果說，馬克思主義哲學是關於實踐的哲學，那麼自我肯定需求，就是認識「自我」，這個實踐主體的發展規律的哲學。目前，人類社會已經步入資訊時代，這是第一次，人類以外的人造物，可能成為實踐的主體。因此，去了解實踐主體的發展，去發現實踐主體的價值，對於思考人造物往哪裡去，人類往哪裡去，甚至整個世界往哪裡去，都具有根本性的意義。而自我肯定需求，則是蔡老師積十數年思考之功，對此命題做出的率先解答與總結，必將啟動一個人類思考方向的風口，並具有深遠的垂範效應。我相信，任何人，無論你是對於社會發展有見解的，還是對於人類發展感興趣的，甚至是對於世界發展有看法的，都可以從這本書中，看到解決你面臨的問題的亮光，得到來自於他人智慧的啟迪。

—— IBM 中國開發中心實驗室
耿嘉偉

在人工智慧技術飛速發展，影響逐漸深入到日常生活的今天，智慧產生的本質依然懸而未決。蔡老師從人類幾千年歷史的宏大視角出發，梳理從數學物理到人文藝術的發展脈絡，總結出以自我肯定需求為中心的深刻理論框架來解釋人類發展的本質。本書對當下研究人工智慧算法、長遠討論智慧理論以及機器人倫理都有重要啟發。

—— GoogleDeep Mind 實驗室研究員

吳龑

Before the Rise of Machines
從智人到 AlphaGo
機器崛起前傳，人工智慧的起點

Preface 混沌初開（推薦序一）

時光荏苒，自恆進於阿拉斯加獲得博士學位，至今已有二十餘載，欣聞新書定稿，樂為其作序。我作為恆進攻讀博士學位之導師，很高興看到他在社會科學領域中的創見，更期待他從研究人類智慧開始，開創人工智慧研究的新框架。

當年蔡恆進初來阿拉斯加，用很短的時間就能應用電腦模擬方法，揭示了太陽風與地球磁層能量耦合中磁場重聯的粒子過程。無碰撞等離子體「歐姆定律」這一發現，曾被英國帝國理工學院 Jim Dungey 教授稱為「I think your paper marks the breakthrough（我認為你的論文有標誌性的突破）」。這一成果至今仍是磁場重聯等研究領域的經典論文，為研究生必讀。事實上，在電腦模擬實驗進行之前，恆進已經憑藉其對物理現象本質的理解，大膽地提出了這一猜想。恆進深入研究磁層亞暴肇始此一複雜動力學問題，首次指出極區電離層對流，是磁層亞暴成長相時等離子體片演化的動力。他還與其他合作者共同提出了磁管中熵的反擴散不穩定性，這種宏觀不穩定性在磁層亞暴成長相的後期，導致極薄電流片的形成，最終引起磁層亞暴的肇始。這些研究對空間環境預報有重要的意義，他也因此在一九九八年的美國地球物理學會（AGU）上作了特邀報告。

蔡恆進擅長從第一原理出發，思考問題的本質，這種思維方式使其在空間物理的研究中取得了重要的發現。與粒子的動力學過程相比，人的認知規律更為複雜。令人讚嘆的是，「坎陷」這一概念，源自新儒學家牟宗三先生對中國儒學的創造性重建，而「吸子」則是現代物理和數學的重要概念，恆進將二者創造性地結合，重新詮釋人類認知的諸多現象；更難能可貴的是，他能從當下出發，心繫未來，將研究發現與現代生活實踐結合，嘗試解決一些與人類未來休戚相關的具

Before the Rise of Machines
從智人到 AlphaGo
機器崛起前傳，人工智慧的起點

體問題。依我的理解，他試圖從人類認知的一般規律中，找出人類行為的複雜根源。從自然科學的研究歷史和研究方法來看，我可以將這一嘗試視為追求物理學的單純性。從這本書的內容來看，這樣的嘗試已經大大精簡了我們對人類社會現象的理解，為當前一些社會科學領域的研究提供了新角度，得到新發現。

　　本書中的三大定律和一大假說，在人類智慧與人工智慧之間架起了一座有意義的橋梁。本書的問世，是對人類智慧研究的一份優良總結，更是人工智慧研究的一個新起點。

李羅權
中央研究院院士

Preface 默契道妙　開物天工（推薦序二）

「物者，心之物也。心者，物之心也。」心物究其原初本不是兩橛的，而是一體。由此一體而區分出來，這是從「境識俱泯」、「境識俱起」到「以識執境」的歷程。用「存有三態論」來說，這是從「存有的根源」、「存有的彰顯」到「存有的執定」的歷程。用《易經》的話來說，是「寂然不動，感而遂通」，就這樣的「範圍天地之化而不過，曲成萬物而不遺」。我們不是去看一個對象物，不是去把握一個對象物，因為對象物並不是一個「既予的對象物」，而是人們的構造物。在對象物之為對象物之前，從「和合為一」的原初態，經由人的參贊化育，在這觸發中，逐漸「坎陷」、分化而成。

人乃得天地陰陽五行之秀氣而生者，人是萬物之靈，以其「靈」，可通天地人我萬物也。靈而有「覺」，「靈」重在靈感、感通；「覺」則重在覺知、主宰。因「靈」而「覺」，因「覺」而「知」。「知」有個矢向（矢），這矢向分別，而以言語表出之（口），表出之、對象化之，從而確定之，知之而識之，「識」是了別，「知」是定止，「知識」就這樣構成了。

讀蔡恆進博士及其團隊所著成的這部奇書，真有快然不可以已的歡愉與喜悅。我說它是一本奇書。其奇也，泯其界線也，歸其本源也。不為世俗之所限也，契於造化之根也。用我喜歡的《易經》句子，「坤卦」的六二爻辭來說：「直、方、大，不習，無不利。」直者，契於根源也，方者，方正不偏也，大者，寬廣無涯也。不受世俗習氣之所限也，因此無不利也。無不利者，通達圓融，了無罣礙也。

這本書是奇書，是妙書，是好書，是讓人能夠開闊胸襟、眼界、心量的書，

Before the Rise of Machines
從智人到 AlphaGo
機器崛起前傳，人工智慧的起點

　　當你讀得暢快淋漓，或覺驚駭怖慄，正乃所以「依般若波羅蜜多故，心無罣礙。無罣礙故，無有恐怖，遠離顛倒夢想，究竟涅槃」也。原來這世界並不是「上帝說有光，就有了光，於是把他分成白晝與黑夜」，他確然是「天何言哉？四時行焉，百物生焉，天何言哉！」。「域中有四大，道大、天大、地大、王亦大，人法地，地法天，天法道，道法自然」。

　　由二十世紀進入到二十一世紀，由現代化而進入到「後現代」，網路的時代、人工智慧的年代，自我意識的重新理解是必要的，機器人的劃時代認識是必要的。東西方文明的相遇，交談對話是必要的。人文學與自然科學重新理解與研究是必要的。須知：它們本來就不能區分，其原初是一個不可分的整體。不是「我思故我在」，追溯之是「我在故我思」，再溯其源是「在、思、我」渾然一體也。

　　丁酉春正，讀到這本奇妙的書，說了些奇妙的話，有種奇妙的感覺。感之、覺之、通之、達之，不知手之、舞之、蹈之，快然而不可以已。是為序！

林安梧

臺灣大學第一位哲學博士

山東大學儒學高等研究院傑出海外訪問學人

曾任清華大學通識教育中心主任

慈濟大學宗教與人文研究所資深教授

Preface 人類與機器人的共存共榮（推薦序三）

　　由蔡恆進教授、蔡天琪、張文蔚、汪愷四位合寫的本書，懷抱著對人工智慧機器人的美好憧憬，在科技研究之暇，針對人類智慧的發展問題，展開廣泛的討論。本書之作，內容豐富，涉及面向眾多，包括自然科學定理、歷史哲學理論、人類智慧發展、教育哲學理論、工業文明現象、王朝興廢的經濟結構原理等，作者企圖藉由觀察人類文明的現象，論述人工智慧機器人的誕生，在人類文明的未來可能達到的境界，以及應該關注的問題。

　　這確乎是一部超時代的著作，引導讀者去思考一個重大的問題：當機器人時代來臨，當機器人能夠主動思維、創造維護、發展自己了以後，會不會反過來宰制人類？作者們的立場，則是藉由道德心的設計，預設一個理想的可能，人類與機器人共享的高科技美好未來，當然，擔憂亦不可免，所以作者邀請所有讀者共同關注這個問題。

　　筆者認為，從儒家的角度講，孟子的良知，在王陽明和牟宗三的詮釋上，就是以道德意志作為創造的動力，作者為機器人設想的功能，就是加上這個道德心的設計，使其與人類和平共榮。但有一個問題，畢竟作為人類設計出的產品機器人，無論如何是在一系列軟體條件設計下的系統，依據牟宗三的形而上學理論，有系統相的體系終究不圓滿，無系統相的道德意志，才可能有真正永恆的創造，面對不斷變換的世界做出最佳的抉擇。那麼，機器人能跟上超越自身系統相的限制，而處置活的人、與（甚至）活的宇宙世界嗎？

　　這就可以轉向佛教宗教哲學的討論了。就佛學而言，世界是由阿賴耶識變現

Before the Rise of Machines
從智人到 AlphaGo
機器崛起前傳，人工智慧的起點

的，因為根本清淨，最終以如來藏真如心的呈現而成佛，它的歷程遍行在根身、器界、山河大地、天界的宇宙現象中，歷國土世界的成住壞空而仍恆存永在，關鍵是這個藏識的恆存，至於肉身是會毀壞的，山河大地是會毀壞的。相比而言，機器人畢竟是色身實體，卻沒有藏識，在應付山河大地的浮沉升降問題以及色身壞死的問題上，恐是無能為力。

就如機器人圍棋一樣，畢竟必須是在圍棋這個系統中他才能超越人類智慧，它不能同時打敗橋牌高手、象棋高手，汽車飛機跑得比人快，飛得比人高，但卻不能煮飯、燒菜、寫小說、談戀愛，這就是牟宗三先生講的系統相的限制之處。當然，人體就是一部超級機器，人類為機器人設計的許多系統，也一定可以勝過單一的人體智慧，但是人類擁有的靈魂、藏識，卻無法製造，而是天然本有。因此，無論如何懷抱機器人的夢想，它們永遠都只是助人的工具，人類性命的獨立自主、創造感受的生命行動，永遠都是這個世界的真正主人。從宗教哲學的角度，人類可以演化為神仙菩薩，從科技的角度機器人也可以不斷演化，但是系統相及藏識這兩個環節，應該是機器人發展的瓶頸。

本人與作者共同懷抱對機器人進入人類生活的無限憧憬，但也對於人類自身在面對環境變化與生命艱難的問題上更具信心。感謝作者在這個問題上把疏奮進，帶領讀者深度思考，從而為迎接機器人人工智慧時代的來臨，做好思想準備。本人鄭重推薦本書，也跟作者一起，邀請讀者共同思考。

杜保瑞
臺灣大學哲學系教授

Preface 十年磨一劍（推薦序四）

　　我於二〇〇七年在武漢大學讀本科期間，有幸得到蔡恆進老師的指點，接觸到了複雜系統和混沌理論。彼時，蔡老師已經開始系統研究人類社會中的各種複雜現象（如社會中財富的聚集效應）背後的本質推動力。蔡恆進老師有深厚的物理和科學背景，又融匯了金融、軟體、管理等應用學科的知識，多年來在理論和實踐累積上，一直不懈探尋融會貫通的理論，他的思考方向為我理解和認識世界打開了新的視角。

　　創造論曾有一個經典的隱喻：如果在沙灘上看到一支機械手錶，你一定會馬上認為，這支手錶不屬於這個沙灘，而是有人創造了它，因為手錶的複雜程度是如此之高，故它不可能是出自沙灘的演化。這個隱喻被宗教信徒用來辯稱上帝的存在，他們認為人類的構造和智慧是如此的複雜，以至於不可能來自自然演化，而必定是上帝所創。

　　實際上，複雜系統理論提供了一種新解釋：一定尺度上的各種複雜現象，無論是規律性的還是看似毫無規律的，本質上都是這個尺度之下，大量的個體基於簡單規律互動後的整體行為湧現。天空中的大雁群一下排成直線，一下排成箭形，不是因為有統一的協調指揮，而是因為每隻大雁按照本能，調整和相鄰同伴的距離；龐大的蟻群可以合作覓食禦敵，不是因為蟻后在發號施令，而是每隻螞蟻透過簡單的資訊與同伴交流。人工神經網路系統可以應對複雜的感知問題，不是因為工程師編碼，處理問題的各個規則，而是無數神經元基於簡單函數的輸入輸出協作而成。宏觀上的複雜，是微觀上的簡單湧現，這個思考方向，使我們不用將人類智慧這樣的複雜現象，解釋為不可否證的神創論，而可以用科學的邏輯去探

Before the Rise of Machines
從智人到 AlphaGo
機器崛起前傳，人工智慧的起點

尋複雜之下的簡單本質。

　　讀罷此書，我不禁嘆服於蔡老師對於複雜現象之下本質問題思考的深度，以及從科學、社會、人文各個領域歸納提煉的廣度。在過去十年間，他在這個方向上持續思考，最終形成一套基於自我認知理論的思維體系。並從這一樸素的基本點出發，在不同維度上一致，普適闡釋了人類智慧和各種複雜的自然與社會現象，正所謂十年磨一劍。本書旁徵博引，融會貫通，為更深入理解人類智慧並探索人工智慧提供了全新的理論基礎和實踐框架。此外作為一本科學類讀物，本書既有唯物論者觀察洞悉世界的宏大廣闊視角，又有富於文學性的美妙文字和人文情懷，為讀者帶來撫卷稱奇的閱讀體驗。

耿益璇

順為資本投資經理

Author's Preface 自序

　　生於青萍之末，起於微瀾之間。「自我」微妙的發端，卻能使個體從誕生之時起就不斷地探索，確證「自我」的存在。雛鷹破殼而出，弱蛹破繭成蝶，生命在摸索中不斷打破「自我」的壁壘。從呱呱落地時起，世界就開始與我們建立千絲萬縷的連繫，我們用世界觀照自己，又憑藉自己的意志影響世界。無論是我們為尋求溫暖而發出的啼哭，還是我們因探求真知而提出的質疑，我們其實都是在探尋各種可能性，並試圖在某一個價值尺度上肯定「自我」。

　　仰望浩瀚的星空，我們看到自己的渺小，但內心的充盈與豐富也能讓我們看到「自我」的偉大。或許，我們只是蒼茫中的一片蜉蝣，可「自我」又是靜謐中一束明亮的光，能穿透任何黑暗。

　　在「自我」與「外界」交互的過程中，會有一個自我保護層作用於「自我」與「外界」，即「認知膜」。像細胞膜保護細胞核一樣，認知膜有保護自我認知的作用，它一方面過濾外界的資訊，選取有益部分融入主體認知體系；另一方面在面對外界壓力時，主觀上縮小雙方差距，使個體保持積極心態，朝成功努力。認知膜為主體的認知提供了相對穩定的內部環境，確定了多個不同層面的「自我」存在，如個人、團隊乃至國家。個體的認知膜最終要能與集體、乃至社會的認知膜相融，在融合的過程中互相豐富。

　　自我肯定需求與認知膜的存在，使人不斷地求知、求真，確立「自我」的實存，精神貴族能夠使得自我肯定的需求不斷得到適當的滿足，自如地應對「外界」。「自我」越來越強大，能夠包含的內容也越來越多，成長到一定階段，就

Before the Rise of Machines
從智人到 AlphaGo
機器崛起前傳，人工智慧的起點

可能達到一種超脫的狀態，實現所謂的「從心所欲不踰矩」。即使受到在物理世界規律的約束，人依然能夠按照自己的意志行動，從「必然王國」走向「自由王國」。

蔡恆進

於珞珈山

Prologue 楔子

　　二〇〇四年 NBA，火箭對上馬刺，在最後的三十五秒內，麥迪以三個三分、一個三加一的十三分「大爆發」力挽狂瀾，將最終比分改寫為 81：80，幫助火箭奇蹟般逆轉馬刺。

　　二〇〇六年 NBA，湖人對上暴龍，Kobe 在四十六投二十八中砍下八十一分，超越喬丹六十九分的個人得分紀錄，成為繼張伯倫 NBA 單場最高得分紀錄一百分後，聯盟歷史上排名第二的單場個人最高分。而湖人也依靠 Kobe 的神奇發揮，以 122：104 擊敗暴龍，結束了兩連敗。

　　某年軍事演習，中國特種兵狙擊手黎登貴受領「斬首」任務時，在叢林中潛伏三天，甚至蚊子飛進眼睛裡被眼淚淹死，他也未曾眨眼，最終等到敵方指揮員出現後，一擊爆頭。

　　月明之夜，紫禁之巔。西門吹雪完成對白雲城主葉孤城「一劍破飛仙」的絕唱之後，終於達到了「無劍」的最高境界——天地萬物都是其劍，掌中無劍而無處不是劍的「人劍合一」。

　　屈原用復沓紛至、倏生倏滅的幻境，將自己的理想、遭遇、痛苦和熱情浪漫地熔鑄成可歌可泣之〈離騷〉，留下「長太息以掩涕兮」之絕唱。

　　圖靈和夥伴沉潛兩年終有成果，在祕密機構破解德軍密碼，扭轉了大西洋戰場的戰局。

　　王陽明被貶於龍場，悟道四年，日思夜想，終於一夜頓悟，留下「聖人之道，吾性自足，向之求理於事物者誤也」的感嘆。

Before the Rise of Machines
從智人到 AlphaGo
機器崛起前傳，人工智慧的起點

釋迦牟尼於菩提樹下苦修六年，形銷骨立，終於頓悟，其毅力令人欽佩。

馬克士威辭去教席，在卡文迪希實驗室潛心研究電磁學數年，耗盡餘生，其《電磁學通論》在固守牛頓力學的歐洲曾被視為奇談怪論，直到赫茲驗證，才被世人認可。

或一瞬，或幾時，或數年，或一生，從古至今，無數人為自己所愛心無旁鶩，或如愛迪生生命不止，創造不息；或如梵谷，痴迷於藝術甚至精神失常。他們在自己的天地裡徜徉，而那樣一片天地，沒有時間，沒有飢寒飽暖，只有「自我」。

唐詩宋詞有平仄要求，卻不會成為詩人的禁錮。大小李杜、豪放婉約，詩神詩魔、詩鬼詩佛，美妙的韻律在風格各異的詩人筆下，最終匯成了卷帙浩繁、卻又膾炙人口的佳作名篇。音樂中有巴洛克與洛可可風格，也有交響樂與四重奏等區分，可無論何種樂派、何種形式，都有各個巨匠留下的傑作。巴哈、莫扎特、海頓、貝多芬，音樂在他們的筆下肆意流淌，滋養心靈，至今仍縈繞在人們心頭。

「自我」可以不局限於自己的身體，與所感之物融為一體並遊刃有餘；「自我」可以不拘泥於時間，斗轉星移、日月光華在此處只是一瞬；「自我」可體悟世間萬物，上下求索，孜孜不倦；「自我」可帶著「鐐銬」輕盈地舞蹈，或忘卻羈絆，或利用羈絆，創造絕唱。佛家講「四禪八定」，海德格談「詩意地棲居」，生命彷彿就在這「禪定」和「棲居」中靜止，在創造和實踐中凝固，伴隨著「自我」的傾情投入而自由地起舞，在這圓融之中收穫滿足與安寧，甚至能夠忘記「鐐銬」、忘記時光，從肆意中醒來，只覺恍如隔世。生命無時不處於羈絆之中，可生命也無時不自由，這就是自由和羈絆的關係與魅力。可在這自由與羈絆的衝突之中，人總是能找到一個巧妙的平衡，繼而實現「自我」的圓融，或片刻，或恆久。其中的奧祕何在？這正是本書想要探索的。

第一部分
牛頓的蘋果

Before the Rise of Machines
從智人到 AlphaGo
機器崛起前傳,人工智慧的起點

第一部分 牛頓的蘋果

伏爾泰在《牛頓哲學原理》中曾講過一則大家耳熟能詳的故事：牛頓在樹下苦思冥想，正當他思考究竟是何種無形而神祕的力在拉動行星繞太陽轉動時，一顆蘋果從樹上落下，激發了他的靈感，讓他揭示了萬有引力定律。這個故事雖無從考證，但也算是一段有趣的名人逸事。可是，我們有沒有想過：為什麼牛頓能從一顆蘋果落地的事件中得到靈感，繼而揭示出萬有引力定律呢？

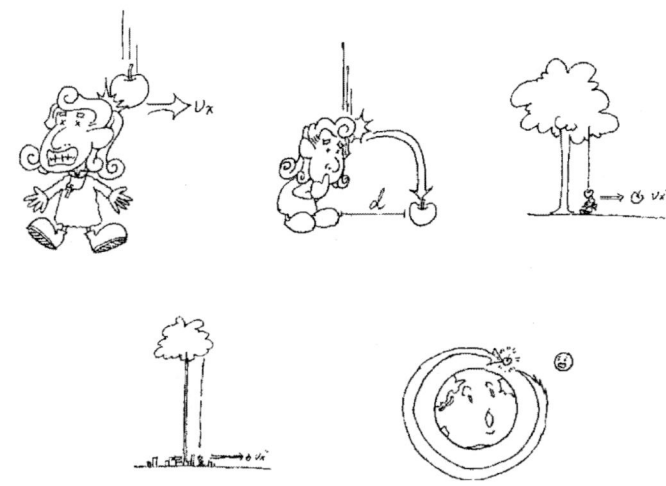

我們不妨發揮想像力，猜想一下牛頓的思維過程。一顆蘋果從幾公尺高的樹上落下，蘋果與牛頓的腦袋碰撞後，會產生一個水平方向的速度，使蘋果水平彈出一段距離。如果這是一棵幾十公尺高的樹，蘋果就會彈到更遠的距離，那麼如果樹高幾百公尺呢？幾千公尺呢（假設牛頓的腦袋夠硬）？順著這個思路，我們可以大膽推測：只要蘋果從夠高的地方落下，水平方向的速度夠大，蘋果就可以像月亮一樣，一直繞著地球而不落地！蘋果落下（地上發生的事）和月亮繞地球（天上發生的事）都是因為同一種力──萬有引力！

Before the Rise of Machines
從智人到 AlphaGo
機器崛起前傳,人工智慧的起點

第一章 你我眼中的不同

　　有些時候,眼見也不一定為實,不同的人面對同一對象,可能有完全不一樣的解讀。在圖 1-1 中,你看到的是一個白色花瓶還是兩張黑色的人臉?圖 1-2 中究竟畫的是一隻兔子還是一隻鴨子?圖 1-2 是非常著名的《鴨兔圖》,從心理學上講,「鴨兔圖」是格式塔心理學上的典型例證,即表明「整體決定部分的性質,部分只有依存於整體才有意義」。在哲學上,哲學家以此來思考感覺與認知的關係。比如,維根斯坦(L. J. Wittgenstein)在《哲學研究》中,就借助該圖來說明「如果同一個對象可以被看成是兩個不同的東西,這就表明知覺並不是純粹的感覺」這一哲學觀點。

圖 1-1　第一眼看到的是花瓶還是人臉?　　　圖 1-2　這是一隻鴨子還是兔子?

第一部分 牛頓的蘋果
第一章 你我眼中的不同

　　兩可圖、錯覺圖的例子有很多，這也反映出，當我們的關注點游離到不同位置時，就會產生不同的傾向，進而對這些圖片產生聯想，最後看到不同的內容，這正是人類思維滑動性的表現。圖中的任一局部可能不會引起歧義，但組合在一起就會讓人產生不一樣的感覺。正因如此，格式塔心理學派著重完形而否認元素，主張相對論而反對絕對論，並認為整體不等於、而是大於部分之和。

　　在物理學方面，如果我們想要發射一架飛行器到太陽系邊緣，應該如何實施？當然，一種直接的方法便是裝載夠多的燃料，但「夠多」目前而言，只是一個理論數值，對應到實際應用中，可以說是一個天文數字，很難真正操作。於是聰明的人類就提出了「重力助推效應」，如圖1-3所示：理論上，我們只要能充分利用橢圓軌道和行星的引力作用，透過計算，在合適的時間點利用引力，飛行器就能彈射到更外層的軌道，而只需少量燃料，就可以達到目的。

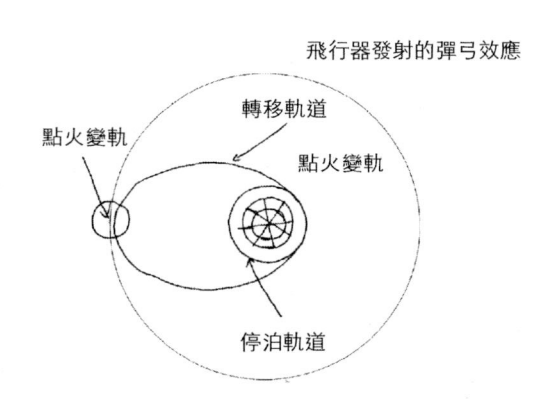

圖 1-3 引力彈弓效應

　　再比如衝浪運動（見圖1-4），海浪的能量主要與浪的週期、浪的高度和海底的地質結構相關，理論上講，如果懂得利用海浪的能量，衝浪者的動能就能越來越大，速度也能越來越快，但衝浪者自身需要耗費的化學能其實並不大。

　　在上面兩個例子中，人們都是透過滑動性，實現生活中具體情境與物理科學原理的關聯，並透過建構物理模型解決問題。

　　還有，在商業中，我們常常說的「趨勢」也有類似的原理（見圖1-5），我們可以透過環境的推動力，幫助企業更快速地發展，就像站在風口迎風而行一樣，這就比單槍匹馬地努力更加有效。

Before the Rise of Machines
從智人到 AlphaGo
機器崛起前傳，人工智慧的起點

衝浪者的滑動性

圖 1-4　優秀的衝浪者懂得借助浪潮的力量

風口中的豬

圖 1-5　「只要站在風口，豬也能飛起來！」[1]

　　從這些例子中我們也感受到，人類總是懂得利用外界環境的助力，透過巧妙的方式，達到看起來似乎不可能完成的目標，進而在相應的價值體系裡變得強大。

1　陳潤・雷軍傳：站在風口上・武漢：華中科技大學出版社，2014

第一部分 牛頓的蘋果
第一章 你我眼中的不同

在微分方程式中,沿著某一方向是穩定,而另一方向是不穩定的臨界點(critical point),叫做鞍點(saddle point)。鞍點是處於弧面的極點,在這個點上的狀態極不穩定,非常容易滑向某一方。人類具有「自由意志」的重要因素,就是因為在人類思維中,鞍點隨處可見。對人類思維來說,思維在鞍點的兩可狀態下,只要消耗很少的能量,就可能達到完全不同的狀態。刺激反應,應該是多種輸入產生一種輸出,而非單一輸入對應單一輸出這種簡單的刺激模型,而且刺激的輸入往往很複雜,不盡相同。比如在圖1-6中,一支箭矢射來,我們的反應肯定是要躲,但這個躲的方向可以向左、向右,或者向下等等,那麼這種躲避的選擇是不是決定論呢?

圖1-6 躲避箭矢可以跳起或蹲下,或者左右閃躲

這當然是與內部狀態有關,但我們仍然可以問,為什麼是向左而不是向右呢?實際上這些選擇之間的差異非常小,內部差異可能只需要一點點細微的不同,就會導致不同的方向,甚至是在內部狀態沒有任何差別的情況下,既可以向左又可以向右。這其實也可以是多對多的關係,比如弓箭有材質的差別,或鈍或鋒利,還可以只是3D畫面中看到的幻覺,都會讓我們產生躲避的反應。但不管是哪種弓箭,我們的認知內部首先將之轉換為「危險」,針對危險再轉換成躲避的具體動作,這一活動鏈就與物理世界的活動很不一樣。就選擇而言,其中能量消耗的差異非常小,但表現出來的效果卻可能完全不同。在鞍點的能量消耗甚至

Before the Rise of Machines
從智人到 AlphaGo
機器崛起前傳，人工智慧的起點

可以趨近於零，而且即便能量不為零，人類還是能夠主觀控制能量。比如，我們能夠控制身體動作（是要跑步還是走路），也能夠借助一些工具達成目的（是搭乘電梯還是爬樓梯）。我們雖然不能夠用雙臂讓運行中的火車停下，但能夠透過控制軌道，改變火車行駛的方向。

人類思維中的鞍點雖然多，可能的方向也很多，但並不是一個無限爆炸的狀態，因為會有「自我肯定需求」（參見第七章）的作用。我們在吸收外界因素時，是透過「認知膜」（參見第七章）過濾的傾向性的選擇，進度比較慢，鞍點的滑動方向也是趨於靠近滿足自我肯定需求，這樣就能保證我們的思維是豐富而收斂的狀態。

哲學上有一個「布里丹毛驢效應」，如圖 1-7 所示，就是說一頭毛驢在兩堆數量、品質和與牠的距離完全相等的乾草之間，如果始終無法分辨哪一堆更好，那麼牠永遠無法做出決定，最後只得在糾結中餓死。布里丹主要論證了，在兩個相反而又完全平衡的推力下，要隨意行動不可能。同時，這種臨界點（或者鞍點）又非常不穩定，人的意識就與這種狀態有關係，世界中到處都是不穩定的臨界點。

圖 1-7　布里丹毛驢效應

第一部分 牛頓的蘋果
第一章 你我眼中的不同

　　滑動性的生物基礎，應該還是大腦結構，這就使得人類思維具有尺度變換不變性和平移不變性。如圖 1-8，假設我們現在身處一望無際的非洲草原，一隻獅子兇猛地朝我們跑來，由遠到近，從小變大，不論這隻獅子是離我們幾百公尺遠還是近在眼前，我們都會認為這是同一隻獅子，也會做出一樣的反應。但這對於一台機器而言，則是完全不同的圖像。當獅子離機器的感測器很遠的時候，在圖像上牠可能只是一兩個畫素的大小，在動態捕捉或是其他感測機制中可能也只是一個點，這個時候機器根本無法分辨這幾個畫素意味著什麼。只有當獅子離我們夠近、被夠多感測器捕捉到的時候，機器才能將這個移動中的物體判斷為獅子，而人則可以在很遠的地方，僅憑視覺和聽覺就能發現並做出反應。

圖 1-8　人能夠很快將看到的畫面與記憶或想像的畫面連繫起來，而機器目前無法做到

　　目前，機器的圖像處理與人的視覺系統還有很大差異。機器現在可以精確識別圖形的樣式，並確定圖形所代表的物品，但不能從人的臉和姿勢中準確讀出情緒的變化，而人不僅可以輕鬆做到這些，還能夠敏感地察言觀色，揣測對方表情背後的心理。人能分辨出對方的笑是強顏歡笑，還是笑裡藏刀，也能分辨出何為莞爾一笑，何為皮笑肉不笑。遺憾的是，就算人對機器一笑百媚，機器可能還要在非常努力後，才能發覺你笑了。女人能夠僅憑男人的一個嘴角上揚，就感覺到

Before the Rise of Machines
從智人到 AlphaGo
機器崛起前傳，人工智慧的起點

對方在撒謊，從一個眼神就能對男人洞若觀火；但是，機器要能識別人的謊言，可能還需要獲得他的心跳、瞳孔變化等一系列生理數據，要了解一個人更是難上加難。滑動性的存在，使人的面部表情和肢體語言能夠被迅速理解，人與人之間的了解和溝通也更加自如。讓機器能夠從人的表情中識別喜怒哀懼，或許會成為機器與人和諧相處重要的一步。

人類的思維常常出現誤解與幻覺，其中也包括我們對「無限」的想像（圖1-9）。在數學家的眼中，兩條平行的直線，就被認為是在無窮遠處相交，由此也產生了關於無窮遠的想像。其實，我們對於無窮大或是無窮多的理解，都是來自我們的感性認識。超越數 π 的小數點後面有無窮多位，但我們對於這個無窮多，還是利用有限位的小數表達，這個時候，我們往往會用「數不盡」來形容這些無理數。可以說，人們心中的「無窮」概念，在物理世界中的實例化都是靠有限實現，我們可以用上億位的數字來表示 π，但終究還是有限個數。只是在這樣的一個表現過程中，即使我們看到的並不是無限，我們也能夠有一個對於無窮的直觀感受；雖然我們很難精確定義無限，可是當我們看到夜空上的滿天星辰，或是談到浩瀚宇宙時，我們總能信誓旦旦地說，這就是無限，且不懷疑其存在性。

圖 1-9 「無限」既看不見也摸不到，但我們並不懷疑其存在性

誤解在很多情況下，都是透過視覺而來。人們看到了什麼，很容易就憑藉思

第一部分 牛頓的蘋果

第一章 你我眼中的不同

維躍遷而聯想到某種情況,並認為這是理所當然。但是在生活當中,這樣聯想的結果往往讓眼睛迷惑了我們,讓我們忽略邏輯上的關聯性或因果性,並因為先入為主的斷言,而對一件事物產生錯誤的認識,也往往讓我們真正看到的事物,被回憶成我們想看到的樣子,「選擇性忽略」就是其中的表現之一。

「選擇性忽略」也是誤解或是幻覺的原因之一。人看到、並記憶一個畫面的方式和電腦不同。電腦在整個畫面分布了均勻的畫素,透過有順序地記錄這些畫素的色彩,將圖片轉化為二進位文件儲存。因此,對於電腦來說,它並不會刻意記住某些東西,或者說,機器在處理這些的時候,本身是無意識或無情感傾向,所以目前機器所能做到的,也只有識別而已。

當你在看到圖 1-10 這幅《清明上河圖》(局部)時,會先看到什麼?是房屋?還是城牆?當你看的時候,是不是會不自覺將視線集中到某一處你感興趣的地方,如扁舟或是樹上呢?而你看完這幅圖,讓你回想其內容,你又將如何回憶?

圖 1-10　清明上河圖(局部)

對於同一幅圖片,我們看到、和回憶起來的東西,都會有傾向性和先後性。因為滑動性的存在,我們看圖和記圖的方式可以說和機器完全不同。我們記憶某個場景,並不是將一個畫面像機器一樣記錄在腦海,而是選擇性地記憶物體,所以我們回憶的時候,也不會像機器一樣將整個圖片影印出來,而是會根據側重或需求,有選擇並且有順序地回憶一件件事物。更有趣的是,在回憶的過程中,我們還會主動加上一些形容詞描述。在無干擾的情況下,形容詞的選取、回憶的順序等還會因人而異,這也反映了滑動性在個人意識中的作用。因此,可能一件事情的某些細節,就會在我們不經意間被大腦選擇性忽略,這就容易導致我們產生

Before the Rise of Machines
從智人到 AlphaGo
機器崛起前傳,人工智慧的起點

錯誤的理解和認識,儘管我們並沒有意識到。

再比如圖 1-11 中,在同一個犯罪現場,法醫可能會最先關注屍體的傷口;而現場分析人員則會最先關注環境及屍體的位置;鑑識人員則會從一進門就開始關注房屋的細節,努力不遺漏。他們受到的不同訓練,使他們都能迅速投入場景,並各司其職。可見,不僅僅是對畫面,人們對一個場景的關注點也不盡相同。每個人認知結構不同,導致不同人面對同一個問題的時候,關注點的選取與意識的滑動方向也不會完全一致。

圖 1-11 即便在同一場景下,不同人由於認知結構不同,其關注點與意識的滑動方向也不盡相同

我們會誤認、產生幻覺,會將不同的東西看作是同樣的,也是因為我們面對這些東西時會產生滑動性。後文還會提到「同一性」與「差異性」相互迭代演化。並且,我們認知裡一個很重要的特點,就是在某些情況下,能夠把具有差異性的東西看作是相同的,又能區分具有同一性對象之間的差異。比如在「一尺之棰」的例子中,木棍折半後,我們還認為是同一根木棍,但從物理學的角度來看它已經發生變化,起碼粒子數目少了一半。

第一部分 牛頓的蘋果
第二章 概念化的世界

第二章 概念化的世界

看到這裡，你或許就已經感覺到了，生命真的很複雜；但實際上，生命要面對的環境更加複雜。

人類應對外界的一個巧妙之處在於，我們在認識複雜環境時，能夠提出「概念」來簡化對世界的理解，而概念本身會被我們認識事物的程度、外界環境、個人經歷和認知範疇等因素影響。

人類對「白色」、「馬」或「痛」這些概念的理解，都不會一成不變。對於一個人而言是這樣，對於一群人而言也是如此。白色一開始可能是白天的白，後來又有了紙張的白，稻米的白等各式各樣的白色。但讓人驚奇的是，大家就算對某個概念的認識存在一定差異，仍可以透過概念有效溝通，比如你說喜歡白色，很少會有人煞有介事地去研究你喜歡的白色究竟對應多少 RGB 值[2]。而且我們都知道，對應的顏色，我們的喜好泛指了「白色」概念涵蓋的很多種可能。這一點，目前的電腦無法做到。機器要嘛是完全識別（比如準確定義顏色的 RGB 值），要嘛毫無頭緒。人類具備生成概念的能力，而且概念會演變，然而這在過去的研究中還沒有受到充分的重視。

生命本身也是演化而來，這點毫無疑問。有一個經典問題是「先有雞還是先

---

[2] RGB 色彩模式是工業界的一種顏色標準，是透過對紅（R）、綠（G）、藍（B）三個顏色色版的變化以及它們的相互疊加，得到各式各樣顏色，RGB 即是代表紅、綠、藍三個色版的顏色，這個標準幾乎包括了人類視力所能感知的所有顏色，是目前運用最廣的顏色系統之一。

Before the Rise of Machines
從智人到 AlphaGo
機器崛起前傳，人工智慧的起點

有蛋」（圖 2-1），這表面看起來是一個死循環的問題，好像在雞出生前一定是由一顆雞蛋孵化而來，而雞蛋前面必須有一隻母雞能下蛋孵化。這個問題之所以難以回答，是因為我們將雞和蛋的概念固化了。以生命的演化的過程來看，一開始的雞和蛋都不是我們現在看到的樣子，而是經過多年演化，下蛋孵化的本能也是演化而來。概念也具備這種演變的特徵，是不停補充的，其發展方向也在不斷調整。

圖 2-1　先有雞還是先有蛋？

　　人類在前進的過程中，將很多概念美化甚至神化。我們對自己的認識就可以定義為一種概念，對神的認識也是一種概念，誰都沒有親眼見過神，卻都可以探討神。還有一個概念是「無窮」（∞），我們看不見無窮，也不可能看見，但我們都不會懷疑其存在性。存在與不存在也是一組重要的概念。現在不存在並不代表將來不存在。比如計畫中的藍圖，雖然當下還未實現，但在未來可以被辦到，這種由我們創造出來的事物，應該是被視為存在。

　　「我」的概念就有些類似無窮的概念，它們都可以演變，而下文將提到「電子」的概念相對清晰確定，這就是生命以及生命環境系統與物理世界最大的差異之一。

　　概念也有分層次和結構，目前人類能夠較為完整定義的，是物理世界中的一

第一部分 牛頓的蘋果

第二章 概念化的世界

些概念,但還不能達到非常完整。

電子雖然已經能由電荷、自旋、質量等描述,但其實還不是完全清楚的概念。拉格朗日運動方程式中,體現的已經不是我們一般理解的粒子概念。嚴格來說,電子也不是粒子。對此,不同的物理學家會有自己的觀點。

再比如纏結,量子力學可以描述這個過程,但還不能完全理解其概念本質,而在超弦學家眼中,物理世界又是另外一番景象。這些都說明了概念的動態變化,而且越往深處挖掘,越接近模糊的邊界。即便世界頂尖的物理學家聚集在一起,也會爭論這些概念。

電子的概念在物理世界中,應該已經算定義比較明確,但如果以西方學術的思維來看,還不是完全、絕對清楚。當然從科學角度來說,可以分層研究,比如以化學角度,就無須過多考慮原子核的內部結構,只要分析原子層面即可。

科學家對物理世界的研究碩果累累,但在研究人類意識的層面上,幾乎無從下手,這正是因為我們的思考層次,沒有像科學研究那麼清晰。人可以很輕鬆、毫不費力地在各個層次(如果可以清楚定義的話)之間穿梭切換、來去自如,這種特點和量子力學有一些共通之處,因而也有人將大腦稱作「量子大腦」。但兩者最大的區別在於,人類大腦的活動層次可以自由切換,即使在一句話中,也可以涉及多個層次,並且十分自然,甚至在沒有意識到的情況下,人類就完成了這種多層次的切換與滑動,任何固定模式都會破壞這種動態。而這種切換,也是目前電腦所無法模擬的。

在物理世界,傅立葉變換能分離任意運動。傅立葉變換是一種分解方式,也可以使用小波分解,根據「基」的不同,可以有各式各樣的小波,在不同的「基」下,不同運動都可以分解清楚。傅立葉變換是正交唯一的,其他的分解方式則可以不是如此。我們在研究人類語言的問題上,也可以採用類似方式,比如採用一組基(單字),投影其他的文字,雖然其中的過程很複雜,但這有可能。在壓縮感知(compressive sensing)的概念中,希望涉及的基數量最少,並以此為原則優化,這種約束在語言處理中可能也存在。

Before the Rise of Machines
從智人到 AlphaGo
機器崛起前傳，人工智慧的起點

概念是有層次的。以「無窮」的概念為例，有些人認為是「無窮」兩個中文字符，有人認為是「infinity」，有人則對應成「∞」符號，還有人認為是大於 $10n$，等等。對於同一個概念，不同的人會有不同的認識，這些不同的認識綜合在一起，指向「無窮」概念本身。

《馬克思恩格斯選集》中提道：「人不是單一的抽象物，在現實性上，是一切社會關係的總和。」這句話是在定義普遍意義下「人」的概念，而不是具體某個人，意思是這些相關因素都對人產生影響，都是人的一部分。對於「無窮」也是如此，這些不同的認識因素構成了這個概念，而無窮本身是這個概念組的頂點（或極限點），其他的認識因素都指向這個頂點，共同組成這個概念。雖然無窮的這個頂點看不見、摸不到，但大家都相信無窮的存在。人的意識，可以看作是人所有直覺、精神活動的綜合，意識本身也是一個頂點，其他所有對意識的認識也紛紛指向這個頂點。

再以「水」為例，有人認為水有種「冰涼」的感覺，有人覺得有「導電」的特質，在化學家眼中水又是純淨、不導電，有人認為水是小河、溪水，有人又首先想到了瓶裝水、自來水等等。每個人對水的形象化認識不一樣，但這些都指向了「水」本身這個概念的頂點。奇妙而複雜的地方在於，當多人交談的時候，即便他們各自對「水」有不同的認知，他們在交談過程中，仍能形成共識，並將他們的概念指向某一特定形象的水。比如當化學家交流時，一般都是指化學實驗中純淨的水，而不是河流湖泊的水，這個過程就像概念本身，是一個大集合，但它在人與人交流的特定環境下能急速壓縮，只留下共識的某種概念形象。這與量子力學又有共通之處，在不測量粒子的時候，一般是多狀態；而一旦被測量，它就塌縮到一個特定的狀態。不過，即便概念看起來與量子力學有某種連繫，我們的理論中也不需要引入量子力學來理解人的意識。

雖然概念很複雜，但在確定了所在領域後，可以越來越清晰。在此基礎上，人與人有差異，卻可以交流，甚至相互理解。我們認為可能的解釋是，人是宇宙的產物，人與人之間既不是完全獨立，也不是完全相同，認知膜相近的人彼此容易理解，認知膜隔閡遠的則難以互通，這是可以理解的道理。我們認為，宇宙也

第一部分 牛頓的蘋果
第二章 概念化的世界

是可以被證明且能夠被理解，最有力的證據就是人類能夠改造、影響世界的能力越來越強。

我們經常說人與人之間有差別，本質上我們就應該尊重這些差異的存在。就算某一個體的行為在外人看來是荒謬、錯誤的，但從該個體的角度來看，也可能是合理、正確的，符合他自身發展需求。很多規律是大眾、普適的，但對某些個體則不然，我們要承認，並允許這些非普遍情形存在。這樣也會產生一些問題，即當某個特別的個體與其他個體或外界產生關係時，容易產生矛盾，但是為了溝通，個體就需要與其他個體找到共同點。

概念從何而來？為什麼我們會認為概念如此真實？這些都是需要進一步考慮的問題。概念不僅能快速傳遞、讓群體認同，更關鍵的是它能讓我們再發現。《禮記中庸》：「執其兩端，用其中於民。」鄭玄注：「兩端，過與不及也。」有了「兩端」之後，「兩端」中間可以填充很多內容。比如有「小」的概念，我們能夠發現的不只是「大」，也可以是更小的「微小」；再比如「正」與「反」是一組反義的概念，「正」與「負」也是一組反義詞，「正」與「邪」又是另一組反義的含義。概念能幫助我們擴張認識的維度，也就是說新概念對應的另一面不僅只有一個，就像是「自我」既可以向外延伸，也可以向內探索，都可以發掘新內容。每個新概念都可以看作是物理中的「基本粒子」，能夠與我們已知的概念碰撞、結合，產生新的內容，進一步豐富我們的認知體系。

我們在研究人類是如何形成概念時，首先考慮的是認知如何與概念結合。在人腦中，外界事物與它在大腦中的映射，實際上相隔了很多層次；但奇妙的是，即使事物發生細微的改變，大腦也能迅速調整。比如打高爾夫，第一桿打偏了，人就會立刻調整，下一次就可能進洞，其中的過程可以非常複雜，就像當我們控制肢體做一項動作時，具體方式、路線可以非常多，但只需要關注達到的效果即可。這就是人與機器的差異，現在的電腦每一步都要計算清楚，才能完成既定任務，但只要能達到我們預期的效果，就應該保留中間過程的複雜性。

西方哲學世界認為，必然存在一個絕對真實、正確的客體（本質、理念或絕對真理）。原來對概念的理解，可能會認為先有一個概念的頂點，但我們認為，

Before the Rise of Machines
從智人到 AlphaGo
機器崛起前傳，人工智慧的起點

這種絕對的存在，對產生概念並非必要。例如，當我們第一次看到杯子的時候，會自然將其與已知概念比對，若我們發現它是一個全新的物品，即便和某些已知的東西（比如碗或桶）有相似之處，我們也會認為賦予它一個新概念會更合適，於是將它定義為杯子。這一新概念並不單單是新物體本身，更重要的是它與其他我們已知概念的差別，使新概念具有獨特性。

滑動性和概念纏繞在一起，也是人類創造、幻覺和精神世界的重要來源。人類運用有限的知識去看待世界，常常需要用到通假或類比，即透過一個已知的概念或知識，描述解釋另一個未知的概念。「通假策略遠非僅僅是一種文學上的轉喻，它是類比或關聯思維的必然產物……通假就是我們再造世界的過程中，借助於語音和語義的聯想，重新定義表述我們的理解、解釋和行為的術語。」[3]這種類比思維或關聯思維，正是人類智慧具有滑動性的表現。我們透過通假等方式，一方面能夠快速將新概念或新知識形成觀念，奠定理解的基礎；另一方面能夠透過新概念，加深對原有知識的理解。

自然科學將物質分為電子、質子，但我們也可以換一種方式來看：這些物質其實是一個整體，但可以透過某種方式被分割開，就像是用古典的方法來看待量子物理，將粒子隔離開成為個體測量一樣。類似的，我們可以認為，生命開始不以個體的形式存在，而與萬物密切連繫，只是生命在推進的過程中，產生了自我意識，進而將自身與其他部分隔開，逐漸形成個體。

概念並不是一開始就很固定、很精緻，剛開始可能很空洞模糊，而隨著外界不斷刺激、經驗不斷累積，概念的含義才逐漸清晰，包含的內容越來越多，概括性也越來越強，發展到一定階段才形成一個很好的概念，這個概念又會幫助我們深化既有的認知，累積經驗，如此迭代發展。比如生死的概念，實際上生和死的邊界並不清楚，但一開始我們只需要簡單區分生和死，隨著經驗的累積，這個概念才逐漸變得精巧。因此，概念的本質並不是抽象而生，而是在對比、區分中產生，是先有概念的框架後，才不斷填充內容。比如，我們是先有「白」的框架，然後隨著經驗累積，用各式各樣的「白」豐富這個框架，而不是我們從一堆白色

3　安樂哲．和而不同：中西哲學的會通．北京：北京大學出版社，2009，pp.134-141．

第一部分 牛頓的蘋果
第二章 概念化的世界

中間抽象出一個理想的白,而這些概念都是從區分「自我」和「外界」的概念開始。

身分／視角的轉換是想像的根源,比如一篇文章曾說「孩子都是哲學家」,作者提到四歲女兒與母親的對話。[4]

女兒問:「天上有什麼?」媽媽答:「雲。」

問:「雲後面呢?」答:「星星。」

問:「星星後面呢?」答:「還是星星。」

問:「最後的最後是什麼?」答:「沒有最後。」

問:「怎麼會沒有最後?」媽媽語塞。

從這段簡單的對話中,我們可以發現孩子「無窮」概念的雛形。其實,父母只要留心,就會發現自己的孩子也問過類似的問題。這類問題之所以回答不了,原因不是缺乏相關知識,而是其內涵超越了目前人類的認知範圍,可謂「終極追問」,這也正是哲學問題的特點。馬克斯·繆勒也曾說:「宗教,就是一種領悟無限的主觀行為方式。」「無限」首先就是對於「有限」的一種否定,而有限恰源自人們對現實生活的直觀感受。我們的概念知識完全建立在感性知覺的基礎上,所以也只能涉及有限物,但對於有限的認識發端,我們仍可以形成關於無限的概念。

這也說明,人類思維還有一個非常重要的特質,就是外界哪怕只提供少量資訊,我們的大腦就能依此產生非常豐富的內容。

比如《莊子·天下篇》中提到「一尺之棰,日取其半,萬世不竭」(圖2-2),這和上文小女孩提到的「最後的最後」一樣,是全憑想像得出的結論。我們可以拿一根木棍,今天對折取一半,明天繼續折,我們能看到或實踐的,肯定是有限的次數,但我們能夠想像無限的內容。

4　周國平·孩子都是哲學家·http://ljsw.okyhm.com/archives/1457.html

Before the Rise of Machines
從智人到 AlphaGo
機器崛起前傳，人工智慧的起點

圖 2-2　一尺之棰

有一則故事是這樣：「從前有座山，山裡有座廟，廟裡有老和尚和小和尚，有天小和尚對老和尚說：『師父說個故事給我聽吧。』老和尚說：『從前有座山，山裡有座廟，廟裡有老和尚和小和尚……』」（圖 2-3）。我們聽到或講述的，一定是有限次數的故事，但我們卻能毫不費力地能無限循環下去。照鏡子的時候也類似，看見還有一個我在照鏡子，這也可以讓我們想像到無窮。

從前有座山，山裡有座廟……

圖 2-3　一則沒有盡頭的故事

第一部分 牛頓的蘋果
第二章 概念化的世界

　　簡而言之，利用思維躍遷，人們從有限中感悟到了無限。儘管我們心中無限的概念，在物理世界中只能用有限的東西表現出來，但人人都可以感受到那種無限的存在，這種感覺還能夠透過語言，在人與人之間傳遞，這就是思維的躍遷帶來的好處。

　　想要整理一套人類認知的邏輯學，我們認為可以從語言入手，透過研究各種語言的修辭，比如譬喻、擬人等，就能夠用一個概念去解釋另一個概念。

　　一九六〇年代，美國麻省理工學院的學者曾研究過各種語言中的顏色，有意思的地方是，這些語言中，顏色的發展可以劃分為五個階段，最先區分開的顏色是黑和白，第二個階段一般是紅色，然後依次豐富下去，反映出人類的二元結構認知。

　　我們講的方位、自然數，都是這樣發展而來，先有一個對立、極端的二元結構，再不斷地劃分，使概念在不斷細化的過程中逐漸豐富。比如方位詞的演化，可能最開始只能簡單地從自己的視角出發，分辨出「左」和「右」兩端，而隨著對日月運動軌跡的認識，定義了「東南西北」的方向，及以自己為起點的「中」。在此基礎上，又進一步細化出「東南」、「東北」等更多的方位詞。

　　自然數的產生也有相似的過程，直到現在，仍有一些部落沒有發展出數字系統。在人類沒有數字的概念前，他們可能最多簡單地標記出「3」以下的數字，超過「3」的數量對他們而言都是「很多」，因此至少形成了「一」個和「很多」個的觀念，而在這兩端之間，透過繩結或石頭等工具，逐漸填充出更多數字，隨即產生自然數的雛形。

　　「我」和「非我」也是一對概念。有了「非」的概念之後，人類就開始掌握逆向思維，能夠從相反方向思考問題，創新也隨之誕生。

Before the Rise of Machines
從智人到 AlphaGo
機器崛起前傳，人工智慧的起點

第三章 語言的留白

　　語言的本質是要表達「自我」與「外界」的「關係」。在此基礎上，我們所提出文法框架的基本要素，是一個「主 + 謂 + 賓」三元結構的陳述句（可以理解為語言的意旨），其他表達方式都是這個三元結構的分裂體（fission），比如加入倒裝、情緒、強調等表達方式，使語言形式更加豐富。

　　語言反映的是人認知的規律，這個規律先將東西抽象、合併、簡化，形成新單位，再進行有效溝通。

　　語言最重要的動力就是表達，抓住自我與外界的關係，並具有創新的屬性，例如「當我塑膠」、「是在哈囉」、「傻眼貓咪」等。

　　認知對語言的影響有據可查。由於視覺是人類認識世界最重要的方式之一，與視覺相關的詞彙非常豐富，如顏色、光亮、層次、範圍等，而與嗅覺相關的詞語卻沒有那麼多。所以，試想一下，如果狗也有詞彙，牠們的嗅覺詞彙一定比視覺詞彙多很多（狗的嗅覺靈敏，而視覺只限於黑白灰）。

　　如果能夠同時滿足兩個條件：抓住主要特徵、鮮活，即使不符合文法規則，也能被廣泛地接受和使用，如表 3-1 所示。

第一部分 牛頓的蘋果
第三章 語言的留白

表 3-1 部分可以接受與不可接受的語言表達示例

示例	接受／不接受	示例	接受／不接受
抽菸斗	接受	看望遠鏡	接受
聽耳機	接受	看眼鏡	不接受
別林黛玉了	接受	Long time no see	接受

語言可以看成是一種工具，幫助我們更清楚地認識環境，並且表達出來。就像三角函數可以丈量土地，數學符號也能表達我們的思維邏輯。

如果沒有語言，人類認知世界就不可能這麼深入。人們常常說外語是一種工具，那是站在透過掌握外語和不同文化背景的人交流的角度上看。而我們的論點是：語言本身的湧現，是作為一種工具而存在，這種工具幫助人類認知世界；反過來，語言又影響人類對世界的認識，透過語言的過濾（filter），某種程度上會改變人類自身的認知。

比如表 3-1 提到的「聽耳機」，實際上是人類的一種創造行為，雖然看似不太符合邏輯，但透過人類語言的過濾，抓住了事物的本質特徵，創造出大家都能夠理解、適合廣泛應用的概念，與最初對物質世界客觀表述相比，產生了巨大的變化。從認識的角度來看，有沒有語言，會影響我們如何認識世界。

語言本身有趨同性，在團隊內部，為了能夠相互溝通理解，為了達成共識會有某些規則；語言也具有趨異性，不同的團隊，彼此之間有強烈的區分意願，這些都是我們已經觀察到的語言現象。

對於一般人來說，即使不深入研究文法，也可以自然地運用，說明了語言的核心應該是一條簡潔的路徑，而不是像語言學家描述的那麼複雜。語言在本質上還是指向了躍遷性，即思維容易從一個領域變化到另外的領域，但這樣的變化並不是毫無道理，而是有一定連繫。

例如「挖洞」一詞，表達在地上挖一個洞，這個詞包含了當前的動作和預期的結果，類似的還有「挖礦」、「挖金子」等。

正是人類在語言的創造中運用了大量的智慧，把握了其中的核心特徵，才有

了我們通用的這些詞彙。

中英文中都有詞類活用的現象，例如「天下苦秦久矣」（《史記·陳涉世家》）中的「苦」，因帶賓語「秦」，意為「（對秦王朝的殘暴統治）感到苦惱」。在現代，我們常用「方便民眾」、「豐富文化」、「充實生活」等。在英文中，動詞的分詞形式，一般被作為形容詞，比如「do」表示做，「done」作為過去分詞還有做完的意思，此外比如「I okay the proposal」。

《論語》：「司馬牛問仁，子曰：『仁者，其言也訒。』曰：『其言也訒，斯謂之仁已乎？』子曰：『為之難，言之得無訒乎？』」[5]安樂哲認為，對於一個詞語的非推理式定義，是透過挖掘相關連繫，甚至是從這個詞語本身語音或語義上，暗含的一些看似非常隨意的關聯來進行[6]。這種關聯發掘的成功與否，以及由此獲得多少意義，取決於這些關聯的連繫程度，一些容易變化的關聯與其他關聯相比就更能刺激想法，產生更多意義。在上述的例句中，孔子就能在「仁」（權威的行為）和「訒」（謹慎而謙虛的言說）的關聯中創造出意義。

英文單字的構成大多有一定的規律可循。很多詞語可以拆分成字根、前綴、後綴。比如 able，加上否定前綴就變成了反義詞 unable，也可以是另一層含義的反義詞 disable，加上名詞後綴變成名詞形式 ability，加上動詞前綴變成了使動用法 enable。只要給定字根，我們就能夠創造出衍生的詞彙，而新產生的詞語又會隨著人類賦予的意義不斷增加，繼續演化。

這些語言現象，都是人在認知過程中逐漸表達出來，是人類認知規律的反映，尤其能夠反映出人類思維的滑動性特徵。語言表達常常省略複雜的部分，而我們需要強調的就是這些省略、倒裝的部分。

在英文和德文中，字的順序比較嚴格，相比之下，中文的語序就比較寬鬆，而且有很多可以修飾句子的語氣。比如「請把那本書拿過來」實際想表達的就是「拿書」，但我們可以添加「請」、「把」、「過來」等來充實意思，使之符合我們想要表達的語氣。

---

[5] 見《論語·顏淵篇第十二》。
[6] 安樂哲．和而不同：中西哲學的會通．北京：北京大學出版社，2009，pp.128-129．

第一部分 牛頓的蘋果
第三章 語言的留白

　　再比如呂叔湘說：「這件事我現在腦子裡一點印象也沒有了。」他將此句劃分出了五重關係。實際上這句話是要表達「我忘記了這件事」的意思，把「這件事」放在句首，強調了「我」、「腦子」可以看作雙主語，也可以理解為「我的腦子」的從屬關係，兩種方式皆可，不必分清楚到底是哪一種，因為不會影響整個句子的理解。倒裝、雙主語以及虛詞（「也」、「了」），協調了整個句子表達的重點含義和情緒。在中文裡詞序變動、成分省略、感嘆詞或感嘆符號（！）的運用非常靈活，更像是修辭方面的內容，而非文法的核心部分。因此，我們在學習中文文法的過程中，不需要引入過多太複雜的概念，也不需要將詞性規定得過於死板，重點在於能夠透過語言表達清楚「自我」與「外界」的「關係」。

　　Huth 及其研究團隊，將常見的九百八十五個英語單字和對應的大腦區域進行了視覺化研究，發現一個詞義往往與多個詞語反應類似，佐證了我們在語言研究中的發現，即一個概念或意思與多個具體詞語相關：

　　（1）詞彙分布在大腦四周，並沒有一個絕對的語言區域。

　　（2）意義相關的詞語（譬如說「妻子」，和其他描述社會關係的詞語「家庭」、「孩子」等）所刺激的大腦區域很相似。

　　（3）令人驚訝的是，這個研究也發現，這些與詞義相對應的區域左右腦對稱。換句話說，這和過去一直以為的「左腦負責語義」這個認識矛盾。

　　（4）腦磁圖研究中，最令人沮喪的就是人與人之間的差異。像這樣如此精細、全腦掃描，而且與聽覺相關的語言研究，特別難畫這種圖。而這個研究發現，這份大腦詞彙地圖在人與人之間一致性很高。也就是說，你在這個人腦袋裡看到「四」的位置，和在另一個人腦子裡看到「四」所對應的位置基本一樣，讓這個研究更可靠。

　　雖然每一種語言的文法規則都有限，但人們運用語言的方式卻是無限的，因而語言現象也千奇百怪；但我們讓機器理解語言，都是為機器設定有限的文法規則，因而一度遇到瓶頸。

　　莎士比亞的經典作品經常出現不符合文法規則的詞句，卻不妨礙人們理解，

Before the Rise of Machines
從智人到 AlphaGo
機器崛起前傳，人工智慧的起點

　　有些更是被人們奉為經典名句，體現了語言的美麗和莎翁的才華。可是，這些語言現象難倒了機器，面對不按套路出牌的人類，有限的文法規則能理解的語言實在有限，更不用說理解這類優美詞句了。

　　近年來，用統計學方法理解人類語言占了上風，但依舊無法處理當代的小眾語言現象，因此機器依然難以跟上人類運用語言的步伐。

　　大腦思維的躍遷，使人與人能夠自如地理解彼此的話語，能夠自如地使用、創造語言，而不受文法規則的限制，更能創造出很多優美的詞句，使語言使用充滿想像與浪漫，也使人類社會更有「人情味」。

　　若你對一台機器說「今晚的月色很美」，機器只能將其理解為對於天氣或自然現象的評價，卻不知在日本，這是一種表達「我愛你」的經典方式；而在臺灣，卻有可能是顧左右而言他的一種插科打諢。

　　有一則關於福爾摩斯與華生的笑話（圖3-1）：福爾摩斯和華生去露營，半夜，華生被福爾摩斯叫醒。福爾摩斯問道：「華生，你看到了什麼？」華生仰望星空，詩意地回答：「我看到了浩瀚的星空！」福爾摩斯激動地說道：「笨蛋，我們的帳篷被偷走了！」華生就事論事，的確是在認真回答福爾摩斯的問題，他卻沒領悟福爾摩斯的言外之意，更沒能從現象中聯想到此時的處境，才有了這樣一則笑話。

第一部分 牛頓的蘋果
第三章 語言的留白

圖 3-1 露營趣事

　　因為思維的躍遷性，人能夠不受文法規則的限制，甚至不斷創造出一些不符合語言規則的流行語，人與人還能彼此理解和含蓄體會，並有默契而心照不宣地一笑，這些都是現在機器無法實現的瓶頸，這本質上也是哥德爾不完備定理的一種體現。除了一般的語言框架，總有超越規則的語言現象存在，而不能被現有機制覆蓋，這種由思維躍遷帶來的語言浩瀚與優美，目前還是人類所獨有。

> **Before the Rise of Machines**
> **從智人到 AlphaGo**
> 機器崛起前傳，人工智慧的起點

第四章 「相安無事」的矛盾

　　真正的物理學，可以說是從「日心說」開始。現在看來，「日心說」與「地心說」並沒有絕對的對錯之分，因為參考系可以層層疊加，不管哪一種參考系都可以正確計算出行星的軌道與週期。但在當時的歷史條件下，「日心說」可以大大簡化框架，才能推導出克卜勒三大定律，進而才有了牛頓的萬有引力定律（見圖 4-1）。

日心說　▶　克卜勒三大定律　▶　牛頓萬有引力

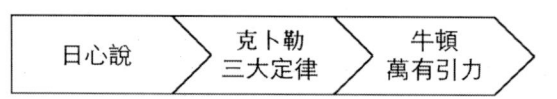

圖 4-1　萬有引力定律的發現歷程

　　在光學發展中，牛頓曾透過稜鏡實驗研究光，他認為光是粒子；惠更斯透則認光更像波；而到了愛因斯坦時代，他證明了光的粒子性。現在，量子力學認為光子具有「波粒二象性」。這個例子也說明，人類能接受矛盾概念的共存，而矛盾之點就是創新之處，量子通訊與量子電腦正是發軔於此。

　　人類對物理世界的認識相對比較清楚，因為我們能夠引入一些物理量、物理概念來理解物理世界。這些引入的物理量需要經過嚴格定義，比如物理中有「粒子」的概念，電子、質子都屬於粒子，而我們可以測量這些粒子。由於不同參考系之間有嚴格的轉換關係，因此不管在什麼環境或者參考系下測量，任何人觀測到的結果都一樣。

第一部分 牛頓的蘋果
第四章 「相安無事」的矛盾

再以質子為例,任意兩個質子的性質完全一樣,即使兩者交換,對物理世界而言也毫無影響。這個例子在基礎物理中,可以透過幾個方式證明,其中一個是包立不相容原理(Pauli Exclusion Principle)。針對費米子這種自旋為半整數($1/2$,$3/2$,$5/2$…)的基本粒子而言,包立不相容原理認為它們不能占有相同狀態(即一個量子態只能被一個粒子所占據),也證明了它們完全相同。

在量子統計的領域中,「玻色-愛因斯坦統計」和「費米-狄拉克統計」也都假定了粒子的不可分辨性;此外,在量子中的纏結(Entangled State),也從另一個角度說明粒子是不可分辨的。比如在同一狀態下製備兩個粒子,即使相隔很遠,彼此還是相互聯繫,這也是因為不可分辨性才會有纏結。而在古典力學中,粒子被描述為可分辨的,所以波茲曼統計中的結果與量子統計的結果不盡相同,但量子統計的結果在多個實驗已經得到驗證,因此可以說,粒子的不可分辨性已被驗證。

雖然物質世界存在實在論與反實在論的爭論,但我們不必陷入這種爭論之中,因為起碼人類對於粒子的理解是比較清楚的,並且可以較為完整的描述。即使不能精確定義電子軌域等細節,電子的電荷、自旋和質量已然非常明確,並不妨礙我們理解物理世界。

相比之下,人類或生命的組成是更加複雜的系統,並且涉及大量的粒子系統,因為即使是組成生命的最小單位(細胞),也擁有大量的粒子。且不說粒子的組合或空間結構的複雜性,僅計算這些粒子的數量,其複雜性就非常龐大了。

熱力學系統,是多粒子系統中最簡單的一類,其中一種極端的情況是熱平衡狀態(熵值趨於最大)。雖然生命過程本身不會違反熱力學,但與生命有關的系統遠離熱平衡態,無法僅用熱力學解釋,而生命現象的複雜性如此之高,目前還沒有一個較好的度量方式。

熱力學中有一個吉布斯悖論:不同物質間的混合,混合熵為的計算數值一定,無論兩種物質 A 和 B 僅僅有些微差別,還是差別很大。當兩種物質僅僅有些微差別時,混合過程仍然有所謂混合熵;而當兩種物質完全相同時,混合熵的計算數值為零,混合熵隨 A 和 B 的相似度不連續變化。對這個悖論的解釋是:當氣體不

Before the Rise of Machines
從智人到 AlphaGo
機器崛起前傳，人工智慧的起點

同時，不論差異程度如何，原則上有辦法區分，因為混合中有不可逆的擴散；但如果兩氣體本來就是一種氣體的兩部分，混合後無法分開復原。這在理論上並無矛盾，對吉布斯悖論中，混合熵隨 A 和 B 的相似程度不連續變化有多種解釋，而若要解釋吉布斯悖論，就必須證明混合熵實際上是連續變化的。

馬克士威妖（Maxwell's demon）可以視為另一個在物理學中尚未能完善解答的悖論。它是英國物理學家馬克士威為了說明違反熱力學第二定律的可能性，於一八七一年設想的悖論。馬克士威提出：一個絕熱容器被分成相等的兩格，中間是由一種機制控制的一扇活板門，容器中的空氣分子做無規則熱運動時會撞擊門，門則可以選擇性地將速度較快的分子（溫度較高）放入其中一格，將速度較慢的分子（溫度較低）放入另一格，如此，兩格的溫度就會一高一低。馬克士威認為，整個過程中使用的能量就是「分子是熱的還是冷的」這一資訊，而理論上，活板門消耗的能量也非常少。

古典物理認為，兩種氣體可以被分清楚；而在量子力學的微觀層面上，不同的粒子不能算是全同。全同粒子找不到差別，但在生命的層次上卻可以混淆。比如，我每天都有吃水果的習慣，那麼我昨天吃的蘋果，和我今天吃的蘋果，對我來說功效一樣，或者我明天改吃梨，而對我而言梨和蘋果的意義依然一樣，只能在宏觀的層面產生意識，也是這個道理。

在物理學的探索中，人類可以說非常幸運。行星軌道（二體問題）的解答，驗證了萬有引力定律；而氫原子在薛丁格方程式中的解答，驗證了量子力學的正確性。

回顧物理學發展史，我們可以看到理論總是不斷地被否證，而全新的、更具普遍性和一般性的理論不斷誕生。尤其在伽利略之後，物理學的進展非常快，每一次進步都意味著某種統一。人類在一個更底層基礎上，用統一理論來解釋一些已知現象，其中一次進步就是萬有引力定律。之所以叫「萬有引力」，是因為該定律統一了天上與地上的運動，發現所有物體間都有相互作用的引力，而地球上的引力與牽引行星運動的力是同一種力，這是物理學史上第一個重要的統一理論。

第一部分 牛頓的蘋果
第四章 「相安無事」的矛盾

到了電磁學時期,我們發現了電能產生磁,磁也能產生電,最後由馬克士威提出了電磁學的統一理論——馬克士威方程組,又在研究過程中進一步發現光是電磁波。這是一項非常重要的發現,因為只有理解了光,才能夠深入到微觀世界。在微觀世界中,光參與了一切活動,比如核輻射、光電效應和氫原子光譜等。

第三次重大進步是愛因斯坦時期。愛因斯坦發現在電磁學中,牛頓力學中所隱含的伽利略變換不成立,時間和空間透過光速連繫在一起,並非絕對;而若修改了伽利略變換,就要修改牛頓的萬有引力定律。愛因斯坦從等效原理(慣性質量和重力質量相等)出發,最終猜出了廣義相對論的重力場方程式,而早先發現的重力波,就是該方程式誕生的一個預言。愛因斯坦後來一直尋求大一統理論,希望能統一萬有引力與電磁學,但並未成功。而「超弦理論」作為當今非常重要的理論,也是不斷試圖統一,但尚未被公認。

中西方文化差異頗多,也不斷有各種學科背景的人士從多個角度提出看法。有人認為,中西文化的差異在於:西方注重分析,而東方注重綜合。表面上看是這樣,但從物理學發展來看,我認為中西文化的差異,更多體現在對單純性(simplicity)的追求上。

物理學對單純性的追求,最早可以追溯到牛頓,他曾說:「真理從來都是存在於單純性之中,而非源於事物的多樣性或混雜。」(Truth is ever to be found in the simplicity,and not in the multiplicity and confusion of things.)而這一追求到愛因斯坦時被發揮到極致。這並不是說東方就沒有追求單純性,比如「陰陽」就是一個非常簡單的框架,只是西方對單純性的追求更深一層。猶太人因為反對埃及文明的多神偶像崇拜而創立了一神教,以抵抗當時異常惡劣的生存環境,從猶太教中又分支出了基督教和伊斯蘭教。西方世界為判定誰才是「唯一真神」打得頭破血流,這在東方文化看來可能很荒謬。但正是一神教的出現,使西方人更相信任何現象背後必然有一個終極原因,而不是一堆複雜的表面因素,為此必然要刨根問底,這種精神在科學研究中就表現為對單純性的追求;相比之下,東方沒有經歷過這種洗禮,對終極原因並沒有那麼執著,比如,用雷公電母來解釋雷電現象,長期以來為古人所接受。

Before the Rise of Machines
從智人到 AlphaGo
機器崛起前傳,人工智慧的起點

也有人認為,中西方更重要的差異在於邏輯一致;但實際上,邏輯一致並不比單純性更趨於本質。舉例來說,光到底是粒子還是波?這一問題困擾了人類數百年。最早牛頓提出光是粒子,可是後來惠更斯發現光具有波動性,到了愛因斯坦又發現光具有粒子性。現在我們認識到光具有波粒二象性,雖然粒子性和波動性似乎互相衝突,但在光學中都能成立。由此觀之,邏輯一致並不一定是必要條件。再者,牛頓方程式中的時間可逆,若把時間和空間都倒過來,方程式仍然成立;熱力學第二定理卻告訴我們時間不可逆。這兩個定理的衝突如此明顯,但我們依然同時接受牛頓力學和熱力學。後來出現的量子力學,時間同樣可逆,物理學家為了調和類似矛盾,提出了遍歷性假說,它能證明即使在長時間後,系統也能回到與當初很接近的狀態。

物理學中,邏輯上很難一致的一個重要問題是量子纏結。最初源於愛因斯坦反駁玻爾學派理論而提出的 ERP 悖論:假如量子力學是正確的,那麼就會有超越時空的現象。如果兩個粒子纏結,不管距離多遠,都可以透過測量其中一個粒子的狀態,得知另一個的狀態,這明顯違反因果關係和狹義相對論中,訊號傳播速度不超過光速的原理。為了進一步研究這一悖論,貝爾發現了一個不等式,後來實驗證明,貝爾不等式不成立,量子力學沒有問題。量子力學方程式最早是由薛丁格猜出來,彼時我們甚至不知道波函數的物理意義,但嚴格求解的氫原子問題與實驗數據完全吻合。量子纏結很難在原來的物理框架解釋,但我們現在可以基於量子纏結通訊。量子纏結可以理解為在量子狀態下,全同粒子間始終保持連繫,具有超越時空的特性。我們需要解釋的是:粒子間的去相干(古典性)是如何發生的?

如果將現代科學看作一個生命體,那麼單純性就是這個生命體的內核,但只有內核還不足以讓它健康發展,還需要受不斷湧現和匯聚的資源供養。現代科學發端的時機與地理位置十分重要。借助於一個財富水準相對較低,並處於一個上行歷史時期的文明載體,現代科學才有可能崛起,我們認為這才是解答李約瑟難題[7]的要點。

---

7 為何近現代科技與工業文明,沒有誕生在當時世界科技與經濟發達的中國,而

第一部分 牛頓的蘋果
第四章 「相安無事」的矛盾

　　那麼，追求單純性有什麼意義呢？在追求它的過程中，我們能夠收穫新發現、提出新理論，這一點甚至超過了可實證性和可否證性。波普爾提出「一個科學理論必須滿足否證性」，但我們可以看到，日心說和地心說都可實證卻不可否證，將這兩個理論發展到極致，都能預測金星、火星出現的時間。只是在當時的歷史條件下，日心說能夠大大簡化天體運動，減少天球數量，建構更簡潔的橢圓運動模型。可以說，有了日心說，才有了克卜勒定律以及牛頓萬有引力定律，進而才有完整的牛頓力學體系，人們由此才可以理解天上、地上的運動，才能昇華理性原則。單純性並沒有嚴格的定義，但它的內涵在於：用最簡單的道理或公式來描述事物的本質。相信這一點人人都能理解，比如，愛因斯坦的廣義相對論對於普通人而言，在數學模型上難以理解，但其實它的基本理論非常簡單，那就是等效原理。有了等效原理這一核心理論，就能很容易解釋數學結構和方程式。

　　物理學就是這樣貫穿而來，出於對單純性的執著追求，物理學每向前追求一層，就會取得一次重大進步。那麼，在哲學世界會不會也有類似的現象呢？

是歐洲。

Before the Rise of Machines
從智人到 AlphaGo
機器崛起前傳，人工智慧的起點

第五章 「逼出來的」問題和答案

畢氏定理是畢達哥拉斯，或是他和弟子們最偉大的發現，由此而衍生出來的幾何學，對西方哲學和科學方法產生了深遠的影響。幾何學從不證自明的（self-evident）公理出發，經過推理演繹，可以證明那些非直觀的定理。

歐幾里得幾何，是傳統意義上最初的幾何學，平行公設、角公設和圓公設等五大公設作為整個歐幾里得幾何的基石，都被認為是不證自明的，它們都無法用邏輯去證明，卻沒有人懷疑其正確性，儘管後來人們發現五大公設只滿足其中部分，便可以衍生出另一些一致且非常有趣的幾何體系，即非歐幾里得幾何，但那也只是後來人們的一種探索和嘗試，並未撼動整個五大公設的根基。

幾何學所討論嚴格的圓，是一個我們無論如何都無法畫出的真正完美的圖形。但我們面對複雜的幾何問題時，圖不一定畫得標準正確，可這始終不妨礙一些幾何性質的正確性，更不影響我們運用基本的幾何定理去證明一些更複雜的命題。

這彷彿在告訴我們，一切嚴格的推理只能應用於與可感覺的對象相對立的理想對象。由此，人們便設想思想高於感官，而直覺高於觀察，這是畢達哥拉斯學派在意識到這些後所提出的觀點。我們在形而上學和經院哲學中，都可以找到這種觀點的影子。再往後我們還能看到康德關於「經驗」與「先驗」的探討。理性主義的宗教自畢達哥拉斯開始，尤其是柏拉圖之後，一直都被數學方法所支配。

第一部分 牛頓的蘋果
第五章 「逼出來的」問題和答案

根據我們之前對概念的探討,我們知道,最初人類的計算系統遠沒有現在複雜,很多原始部落的語言中可能只有「一」、「二」和「很多」的概念。因為當時的物質並不富裕,人們並不需要計量、說明、記錄較大的數目;可是當物質開始富裕以後,就需要一個更精確、更大型的符號系統來記錄生活,人類便利用「加」的概念,逐漸衍生出了「自然數」的概念,這是一切數學的基礎。

有了自然數的概念,人們在飼養家禽、行軍、交易等活動中,自然而然涉及解線性方程式的問題,這個時候古希臘人就利用自然數,產生了有理數的概念(即數字能夠透過自然數的比例表示)。

為了解決土地丈量等問題,幾何學誕生了,人們發現了畢氏定理,這時就需要有二次方程式,進而發現和定義了無理數(無法由兩個整數相比來表示的數字)。二次方程式不僅有無理數,還有虛數問題(i^2=-1),進而有了複數的概念,這些又與三角函數緊密關聯。另一條路線中,二次方程式、三次方程式和四次方程式,都可以找到通解,而到了五次方程式時就沒有通解了,於是有了群論,如圖 5-1 所示。

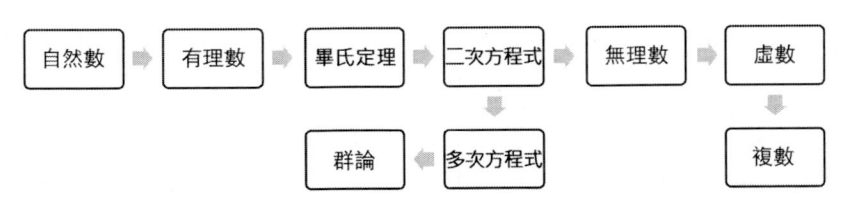

圖 5-1 數體拓展的部分過程

數學中概念的演化也反映了思維躍遷,人們一開始關於數的概念是離散的,但經過一系列劃分後變得連續,甚至多維度。

人們一開始只有整數的概念,整數劃分後產生了有理數。可是數學家發現,有理數充其量只是數線上一系列數的點集,在有理數之間還有許多的空隙沒有填滿。終於,無理數的發現,成功地將實數完整反射到了數線之上。

這種概念的不斷細化,反映了人類歷史上非常多的思辨過程,也是思維躍遷性的表現。對於一個問題,人們一開始可能只有一個簡單的理論框架,但經過長

Before the Rise of Machines
從智人到 AlphaGo
機器崛起前傳，人工智慧的起點

時間的思考討論後，這個框架逐漸豐富，甚至還有新的理論框架被建立，物理學如是，哲學亦是如此。

說到這裡，肯定就會有人想問：人類在發現、創造概念的過程中，標準是什麼呢？我們認為就是追求「圓融」的狀態。面對新的領域，我們認為如果看起來合理，這些概念就應該存在。並且我們發現，如果承認了它們的存在，就能簡化很多問題。我們對世界的認知和探索就是一個延伸的過程，從簡單的有限起點開始，慢慢走到今天，未來還將繼續，就是為了更清楚認識世界。而在這一系列的推進中，對很多概念我們其實都無從檢驗，但仍然相信它們的存在。

極限理論的提出，使整個分析學變得完整，在簡單的定義之上，人人都能基於極限的定義產生一個感性的認識。所謂「無限逼近」，在物理世界中還是只能用有限來表示，可是我們在腦海裡卻能想像出「無限逼近」的樣子，就是源於感性的認識。

真正的「無限」其實只存在於我們的腦海中，我們在物理世界中感受到的都是有限的實體，這種由直觀感受帶來的感性認識透過思維躍遷，加強了我們對概念的理性建構，使「無限」透過嚴密的數學語言被定義和表示，「極限」也因此而得到嚴謹的解釋。

基於「極限」的定義，「無窮」也被明確地定義出來。正是柯西用數列極限的觀點，重新定義了微積分的一系列基本概念，才導致了第二次「數學危機」，百餘年在數學家心中揮之不去的那朵烏雲——無窮小量被真正解釋清楚。

從最簡單的幾個基本公理，可以推導出一整個數學大廈，數學邏輯可以從簡單的結構中衍生出非常複雜的結構。這樣的結構不僅存在於幾何學，還存在於數學每個角落，數論亦是一個例子。

我們都知道質數有無窮多個，可是對於一些有特點的數分布問題，比如孿生質數猜想，卻可以十分複雜。人們目前也只能不斷精確對於分布的估計；再比如「黎曼猜想」，黎曼發現質數出現的頻率與黎曼ζ函數緊密相關：黎曼ζ函數 $\zeta(s)$ 非平凡零點（在此情況下是指 s 不為 -2、-4、-6 等點的值）的實數部分是

第一部分 牛頓的蘋果
第五章 「逼出來的」問題和答案

1/2。即所有非平凡零點都應該位於直線 1/2+ti（「臨界線」critical line）上。t 為實數，而 i 為虛數的基本單位，而至今尚無人能提出關於「黎曼猜想」的合理證明。

人們會從簡單之中發現複雜，再從複雜之中探尋一般規律，這也是思維躍遷帶給人類的妙處，而探尋和思考的動力，正是自我肯定需求。這種由簡單到複雜的數學大廈建構過程，讓人們對於無限和有限又有了新的理解。

人們對於數學總有著一種近乎神祕的信念，即篤信和追求這些數學定理和規律的真實、清晰且永恆存在。這樣一種追求其實還是源自自我肯定的需求。無限與永恆在軸心世紀（指西元前八百年至西元前兩百年之間，世上主要宗教背後的哲學都同時發展）就已經在人們心中深根，因而自古希臘哲人開創幾何學開始，人們對於數學的探索就從未停止。

數學理論的研究水準已經超過其應用水準上百年，就好像人類對數學理論的探索是被「逼出來」的，人類內心深處堅信數學問題總會有清楚明白的數學解答，這種信念彷彿形成了一種無形的力量，讓人們回答新的疑問，解決新問題，擴展未知的數學領域，也推動了新數學概念誕生。

有趣的是，哥德爾不完備定理告訴我們，總有一些點是數學這棵大樹永遠觸碰不到的。這也意味著數學家自己證明了，有些問題我們其實無法證明。這對於集合論等現代數學產生了不小的撼動，也點出了機器智慧的發展方向。

儘管如此，人們對於一些數學猜想的探索熱情仍然不減。無論是對那些從普遍直觀延伸出來的直覺猜想證明，如哥德巴赫猜想、孿生質數猜想等，還是對那些極其簡潔卻又難以證明的命題，如費馬大定理等，數學的美與神祕都如磁石般吸引著數學家，而數學家的自我肯定需求，驅使著他們不斷地尋找解答。

創造力的來源其實是思維的躍遷，其中的一個直接體現便是直覺。人類的直覺往往是正確的，且很多時候比邏輯推理超前很多。

哥德巴赫猜想至今無人證明，數學家仍在戮力尋求一個更佳的解答。

費馬在他的《頁邊筆記》中留下了費馬大定理，他宣稱想出了一個美妙的證

Before the Rise of Machines
從智人到 AlphaGo
機器崛起前傳，人工智慧的起點

法，卻因空格太小而無法寫下；而經過了三個世紀後，這一「定理」才被人解出。

龐加萊猜想在一九〇〇年被提出，直到二〇〇六年才被裴瑞爾曼證明。

再回想現代科學的起源，無論是數學還是物理，都與直覺有著密切的聯繫。很多時候，科學家都是簡單地從直覺出發，再輔之以理性的推理，最後再給以嚴謹的證明。科學就是在這種直覺與邏輯的交織中螺旋遞進，或許有時候直覺不一定正確，但這些直覺推動了科學的發展，甚至還曾經深刻影響著同時代的宗教信仰。

在牛頓力學階段，人們認為能量需求是當時最重要的需求；到了薛丁格，大家又認為負熵需求至關重要，縱觀人類世界歷史，我們認為：自我肯定需求，才是人類最根本的需求（見圖 5-2）。

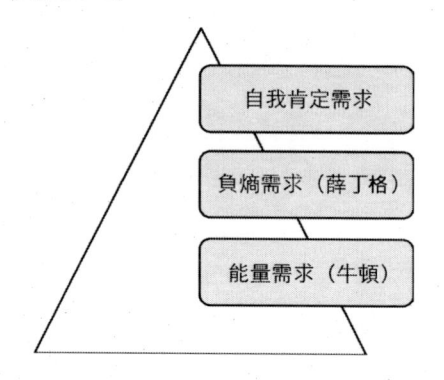

圖 5-2 需求的層次

大多數科學一開始就是與某些信仰連繫在一起，這就使它們具有一種虛幻的價值。而隨著科學不斷進步，雖然人們對於世界的認識大大的改變，但科學進步的內在驅動力──自我肯定需求卻從未變過。

或許正因為如此，科學家，尤其是物理學家，一直對統一理論或是體系極為痴迷。奧卡姆剃刀定律（Occam's Razor），即「簡單有效原理」，正是人類永恆追求簡單統一的總結。

這種近乎信念的追求推動了全人類科學的進步。數學家仍堅持探索數學的奧祕，物理學家仍堅持尋求統一理論，這些都源於人們對於神性的追求。人希望能

第一部分 牛頓的蘋果
第五章 「逼出來的」問題和答案

夠主宰自己，主宰自然，因而總是不斷努力了解未知；人相信永恆和絕對的理性，所以不斷證明數學的命題；人追求強大的力量，想從了解到掌握，所以不斷鑽研物理。

所謂的懷疑、探索的科學精神，正是人類為滿足自我肯定需求，想更真實、客觀地了解自我與世界，以期更接近心中那個絕對真理的直觀表現。而人們心目中的永恆、無限、絕對理性和主宰，都是一種神性。人的目的，就是想了解神，然後追求神，甚至超越心中的那個神，而這個野心勃勃的願望的起源，正是我們後文將要探討的軸心世紀。

第二部分
原罪或虛妄

Before the Rise of Machines
從智人到 AlphaGo
機器崛起前傳，人工智慧的起點

第二部分 原罪或虛妄
第五章 「逼出來的」問題和答案

　　《羅馬書》中說：「這就如罪是從一人入了世界，死又是從罪來的，於是死就臨到眾人。因為眾人都犯了罪。」[8]

　　《金剛經》中說：「凡所有相，皆是虛妄；若見諸相非相，即見如來。」[9]一句是「救贖說」和「末日審判說」的基石，另一句則是大乘佛教的至高教義。無論是原罪還是虛妄，都起源於我們的慾望和執念。那麼，為什麼會有慾望？

　　這些慾望從何處來？

　　它們又將到何處去？

8　出自《羅馬書》第五章第十二節。
9　出自《金剛經》第五節。

Before the Rise of Machines
從智人到 AlphaGo
機器崛起前傳，人工智慧的起點

第六章 愛因斯坦「七二法則」與週期律

愛因斯坦將複利計算的「七二法則」，形容為「數學有史以來最偉大的發現」。複利簡化來說就是「利滾利」，累積的利息可以繼續賺利息。根據「七二法則」我們知道，當前資金翻倍需要的年限是七十二除以年利率的商。比如：當年利率為8%，當前資金翻倍需要的時間是七十二除以八，即九年；如果希望六年就資金翻倍，那麼年利率就必須為七十二除以六再乘上百分之百，即12%。這個看似很簡單的法則，卻可以發揮重要的影響。

秦始皇統一中國，距今已有兩千多年的歷史，從理論上講，如果經濟持續成長了兩千年，成長速度每年1.8%，那麼兩千年前的一塊錢，用愛因斯坦「七二法則」容易算出，每四十年翻一次，資金能翻五十次，那麼利滾利能漲為現在的一千萬億元（見圖6-1）。也就是說，如果我們在漢朝存了一塊錢在銀行，按每年利率成長，到現在就相當於全中國財富的總價值。

當然，這在現實中是不可能的，因為實際上，中國近兩千年的歷史並不是持續成長，而是具有準週期性質的興衰更替，如圖6-2所示。在一個較短的朝代之後，往往是一個較長久的王朝，如此交替發展。但即便是這樣，對於一個較長的王朝而言（比如三百年），如果利益集團的獲利年成長為3.6%，利益集團的財富每二十年就會翻一次。如此，在三百年的時間裡，他們的財富將增至開始時約三萬兩千倍。而利益集團通常是以達官權貴為首的組織，是皇帝治理國家的代理

第二部分 原罪或虛妄

第六章 愛因斯坦「七二法則」與週期律

人，他們的利益猛增，實際上意味著皇權利益大幅削減。

漢朝一元錢，今世千萬億

圖6-1 複利的魔力，漢朝存一塊錢，到今天可能漲到一千萬億元！

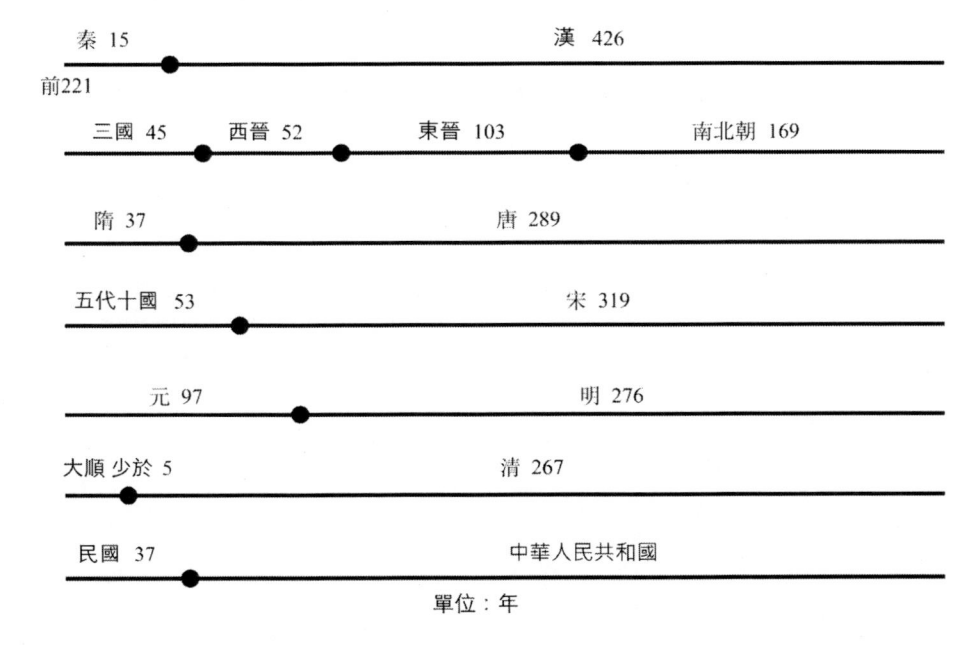

秦 15　　　　　　　　　　　　漢 426
前221

三國 45　　西晉 52　　東晉 103　　　　　南北朝 169

隋 37　　　　　　　　　　　唐 289

五代十國 53　　　　　　　　　宋 319

元 97　　　　　　　　　　　明 276

大順 少於 5　　　　　　　　清 267

民國 37　　　　　　　中華人民共和國

單位：年

圖6-2 中國歷史的分期

我們傾向於將西方世界作為一個整體觀測，可以發現，西方的財富中心也有轉移的準週期。縱觀西方歷史，將西方財富中心的轉移與「湯淺現象」（科學活

Before the Rise of Machines
從智人到 AlphaGo
機器崛起前傳，人工智慧的起點

動中心轉移）比對，我們能夠發現，只有美國的科技與財富中心有重合，故科技水準領先並不一定意味著財富的中心地位，如圖 6-3 所示。東西方的文化、經濟和制度等各方面都不同，但都沒有逃脫三四百年的興衰週期，我們認為這背後一定有一股重要的力量在主導。

　　人類社會的財富幾乎都是向上轉移。也就是說，財富總是傾向於向少數人流動。在競爭中，財力雄厚的一方更容易勝出，並獲得更多財富。財富傾向於向上流動這一規律，能在歷史中驗證：除少數時期，大多數時期財富都是向上流動。這個財富轉移規律跟物理學規律正好相反，物理學中的物理量總是趨向於擴散和平衡。

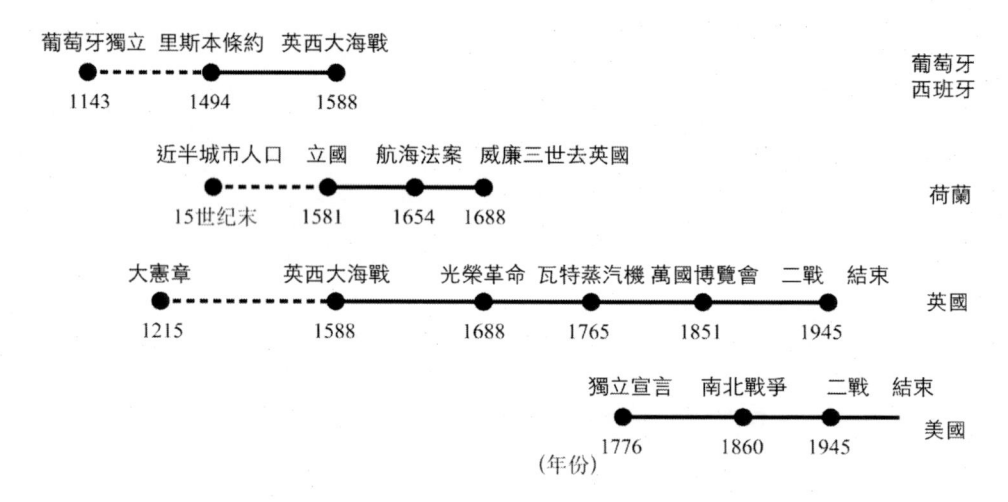

```
葡萄牙獨立   里斯本條約  英西大海戰
   ●───────────●──────────●                      葡萄牙
  1143        1494       1588                     西班牙

         近半城市人口   立國   航海法案  威廉三世去英國
           ●────────●──────●─────────●            荷蘭
         15世紀末   1581   1654      1688

   大憲章      英西大海戰  光榮革命 瓦特蒸汽機 萬國博覽會  二戰  結束
     ●───────────●─────────●────────●─────────●──────●     英國
   1215        1588       1688     1765      1851    1945

                         獨立宣言   南北戰爭    二戰   結束
                           ●─────────●────────●──────       美國
                          1776      1860     1945
                        （年份）
```

圖 6-3　西方財富中心的轉移

　　一個文明要延續兩千年，不可能一直快速成長，而一定是成長和衰退相互交替。我們都知道，腐敗與社會動盪會使王朝崩潰，但這些其實並不是根本原因。從本質上講，財富有向上流動的本性，在正常的條件下，隨著它向上流動，到了王朝後期，有錢人因為無處賺錢而賺不到錢，而窮人更是無錢可賺。因此利益集團得不到滿足，百姓也生活得很痛苦，繼而起義、暴亂頻發，王朝最終崩潰。王朝崩潰後人口減少，同時如果開國皇帝英明，財富分布就會相對平均，在此基礎上，百姓就會拚命賺錢，而那些精明人就能更容易賺到錢，社會經濟才會發展。

第二部分 原罪或虛妄

第六章 愛因斯坦「七二法則」與週期律

　　觀察中國歷史上較長的朝代，比如漢朝、唐朝、清朝等，我們會發現：在第三代、第四代、第五代皇帝統治時期，財富的成長機制就已開始運轉，自然就能造就「盛世」景象；而到王朝後期，再英明的皇帝都無力回天，因為發展潛力已經耗盡。

Before the Rise of Machines
從智人到 AlphaGo
機器崛起前傳，人工智慧的起點

第七章 自我肯定需求與認知膜

　　布洛克（一九八九）的實驗數據表明，89%的實驗對象對自己的人格特質評價比實際更高一些；邁爾斯（一九九三）的調查顯示，90%的商務經理認為自己的成績比其他經理突出，86%的人認為自己比同事更道德；斯文森的研究顯示，超過80%的人們認為自己開車水準比別人好。

　　只要有可能，人對自己的評價，一般高於他認知範圍的平均水準，在分配環節，他更希望得到高於自己評估的份額。這種需求我們稱之為「自我肯定需求」（Self-Assertiveness Demands）。自我肯定需求本身不存在善惡之分，自我肯定需求不可或缺，並不比物質需求弱。

　　自我肯定需求源於個人自我的內心比較。這種比較主要有兩種形式：一種是與自我的歷史縱向比較；另一種是與他人的橫向比較。這兩種比較共同作用，再加上人對自己的肯定，便產生了一種不同於理性經濟需求的自我肯定需求。顯而易見，個人一直是傾向於肯定自我，更傾向於做出有利於自己的判斷，並期望獲得高出平均水準、或超出過去水準的報酬或認可。換言之，個人做選擇的動力和方向，其實來自更強的自我肯定需求。

　　由於人對自己的評價一般高於平均水準，因此整體自我肯定需求，必定會大於這個社會當下生產的總供給，這就形成了一個缺口。這個缺口對任何統治者（或管理者）而言都是一個強大的挑戰：要維持一個社會的和諧穩定，統治者必須提

第二部分 原罪或虛妄
第七章 自我肯定需求與認知膜

供額外的供給,來填補這個缺口。

我們認為有四種主要資源供給方式(財富湧現方式),可以用來填補缺口,滿足社會的自我肯定需求,如圖 7-1 所示。

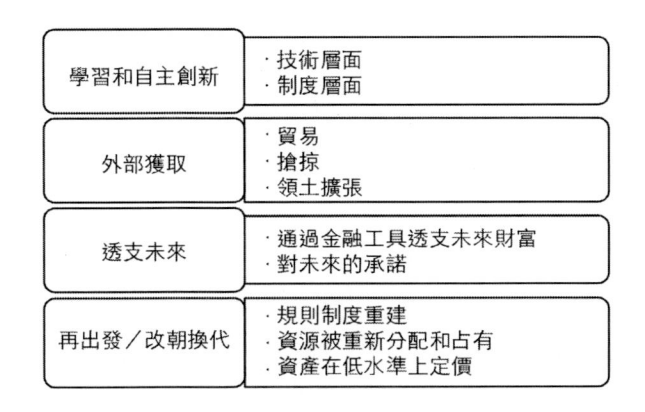

學習和自主創新	·技術層面 ·制度層面
外部獲取	·貿易 ·搶掠 ·領土擴張
透支未來	·通過金融工具透支未來財富 ·對未來的承諾
再出發／改朝換代	·規則制度重建 ·資源被重新分配和占有 ·資產在低水準上定價

圖 7-1 國家層面財富湧現的四種方式

第一種方式是學習和自主創新,包括制度層面和科學技術層面。制度的創新表現為社會制度的改變,技術創新則由新技術、新發現帶來。制度創新使舊的生產關係被更先進的取代。而科技創新最典型的例子就是技術革命,歷史上已經發生過四次大技術革命,每一次技術革命都是以一個或多個技術領域為先導,擴及各個機構。勞動生產率的提高,使社會成員的自我肯定需求得到滿足,而向外學習與自主創新耗費更少的資源、更具爆發力,因此後來者居上的例子屢見不鮮。

第二種方式是外部獲取,包括與外部社會貿易、自然的領土擴張、古時游牧民族的搶掠,以及帝國主義的掠奪。當今世界,對於已開發國家而言,在大部分情況下,發動戰爭的成本遠遠高於透過戰爭獲得的回報。只有過去的游牧民族,如十三世紀時,蒙古掠奪比他們進步的國家(如宋朝)才有意義——比他們進步的國家,擁有他們期望得到的財富與物品。所以,不管是貿易還是掠奪,開發中國家能從已開發國家獲取新形式的財富或物品,這正是他們滿足不斷成長的社會、自我肯定需求的方式之一。在這幾種外部獲取的方式中,貿易是最長久也最實用的方式。重商主義國家強調出口大於進口,在外部財富的補充下,使國家內

Before the Rise of Machines
從智人到 AlphaGo
機器崛起前傳，人工智慧的起點

部和諧發展。

第三種方式是透支未來，用未來的財富來彌補今天的缺口。透過印鈔、借貸、債券、股票以及其他金融衍生工具，我們可以提前使用未來的資源。未來是無止境的，那麼將未來的財富和資源預先支取，以滿足當下的需求，完全可行。而且這種方式能夠迅速提升使用者當下的競爭力，畢竟兩個條件都當的競爭者，如果其中一方透支了未來，那麼他就擁有了更大的比較優勢，這是一條極其簡便、而且短期效用巨大的方法。因此，每當遇到較大的經濟困難時，大部分統治者都會選擇這條「金融創新」的道路。原則上講，未來是無止境的，透支可以非常大；但是，這種透支行為的伸縮性也很強：當經濟狀況較活躍時，人們的情緒也比較樂觀，對未來的信心較高，透支也會更多；而當經濟狀況不好時，人們對未來持悲觀情緒，那麼他們就會更關注現有的財富和未來的保障，透支也就會相應減少。這種對未來信心的波動，使金融市場缺乏穩定性，並容易導致金融危機。

第四種方式是崩潰後的再出發。自秦始皇統一中國後，最長的朝代不過四百餘年。每一次改朝換代，百廢待興，規則和制度要重建，資源被重新分配和占有，資產重新在低水準定價。最高統治者透過放權讓利，讓社會成員追逐資產，從而使資產價格逐漸上浮，少量的付出就能獲得較大的回報，全社會整體自我肯定需求較易得到滿足，中國歷史上的「盛世」就是這一過程的集中體現；而西方近五百年來財富中心的轉移，與中國歷史上的改朝換代有相同的機制，其崩潰的實質都在於，舊的財富分布結構不能滿足全社會的自我肯定需求，另起爐灶才給了人們新的希望。

根據人的參考依賴心理特徵，人類在面對選擇時，總是會做出更有利於自我的判斷，更傾向於認可自己，並且渴望得到高於別人或者高於自己過去的肯定或者報酬。因此，在面對明顯要高於自己水準的一個參考系的情況下，評價自身或自身所處環境時，為防止過大的落差擊垮自身的心理防線，人總是更傾向於肯定自我，用較高的自我評價從主觀上自我保護，我們將這一認知綜合體稱為「認知膜」（Cognitive Membrane）。

認知膜的存在，使社會個體在面對來自外來競爭者的巨大優勢時，在主觀上

第二部分 原罪或虛妄
第七章 自我肯定需求與認知膜

縮小了與優秀者的差距,能夠堅守住內心的信念,從而在發展脆弱時期依然能夠健康成長。認知膜具有保護機制,也具有阻礙機制。人(認知主體)與人之間由於自身經歷或所處環境等複雜因素,認知範圍與視角上會產生差異。

當兩個或多個認知主體擁有共同的目標或利益時,會試圖交互聯合。交互順利時,這些認知主體會產生共識,他們的認知膜部分融合,形成一個外圍的認知膜,每個個體仍然保留其核心的獨立性,但在對外的行為上能表現為一個統一的認知主體。

認知主體的交互也可能向另一個方向演化。如果認知主體經歷不同的、複雜的外部環境變化,預期各不相同又難以協調,認知膜的共識部分就會被削弱,原本應當相互滲透的部分相互排斥,甚至敵對,這就是認知膜阻礙機制代理關係的動態過程。

由於複雜和難以預期的市場環境,委託人與代理人之間很可能產生這種認知阻礙,這種阻礙難以透過契約設計或者制度規範來規避。我們認為,平衡委託人和代理人之間的自我肯定需求,是處理代理問題的關鍵。

對於個人而言,自我意識(self-awareness)和認知能力是同步的,人的自我意識從出生就開始演化(Kouider et al. 2013),根植於個人感覺系統。基於自我肯定需求理論對人類智慧演化的理解,認知膜在嬰兒出生後快速成長。智慧是認知膜的辨識功能,自我是認知膜的整體投射,因此,一個人的智慧和其自我意識同步成長。嬰兒出生後,最原始的觸覺(直接產生溫暖、疼痛等強刺激)、聽覺和視覺,使他能夠分辨自身和外界,產生最簡單的自我意識。

事實上,正是在不斷滿足自我肯定的過程中使個體成長,而認同則在認知膜的不斷成長下,使外部其他個體或集體的認同耦合。一個國家或社會的自我肯定缺口,能夠透過學習與自主創新、外部獲取、透支未來和再出發這四種方式填補,但具體到個人層面,情況會變得複雜。

個人自我肯定需求的滿足,無法擁有國家這種隔離環境作為抵禦外部衝擊的緩衝屏障。人一生有限的時間,使人對決策失誤的承受能力相對降低,社會網路

的複雜性帶來複雜的評價資訊，這種空間和時間上的雙重壓力帶來的不確定性，使個人層面自我肯定需求的滿足方式與國家層面有所不同。

個人的生存壓力，使其比國家的自我肯定需求滿足方式更為極端和受限，但又具有更強的彈性。這是因為個人成長相對於國家成長，更具有多樣性、爆發力和可塑性。自我肯定需求在個人層面的表現，有待深入研究，我們暫且將一些可以觀測到的現象，以自我肯定需求滿足的方式分類，包括以下四種。

學習與創造性實踐	·模仿 ·立言、立功、立德
外部獲取	·生而得之的善意 ·普遍存在的美感 ·可以逼近的真理
透支未來	·信仰 ·宗教
再出發／反叛	·代際間的傳承

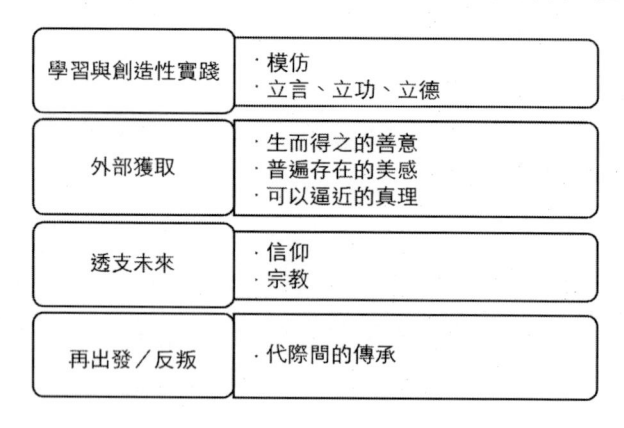

圖 7-2　個人層面財富湧現的四種方式

第一種方式：學習與創造性實踐。學習或模仿，是獲得已存在知識的過程，是個體融入社會經驗知識體系的途徑。這種自我肯定需求的滿足方式，為個體帶來短期的成就感，來自學習的獎勵，我們甚至可以將答對試題看作一種精神獎勵；較為長期的獎勵，則來自學習競爭者的羨慕、家長的肯定，以及更大範圍社會標準的認可等。

可以說，學習正是個體逐漸了解整個社會認知膜的過程。為了融入社會，個體不斷學習、積極工作，如果符合社會認知膜中的內容，他就會受到來自外界的積極反饋。同時，自我肯定需求也能在學習中得到更長久的滿足，使人願意花費大量時間投入，形成一個良性循環。但因為學習的動力仍相對來自外部，而知識本身屬於經驗的範疇。因此，單純的學習作為一種被動方式，並不能提供一種內生的途徑產生「知識創造」、「創新」，而只能擴大思維的躍遷範圍。

第二部分 原罪或虛妄
第七章 自我肯定需求與認知膜

　　創造性實踐是滿足個人自我肯定需求最獨立和主觀的方式。這種獨立不再依靠融入環境來被動確立存在，而是實踐了一種新的生活方式、生存狀態。

　　無論是中國古代提出的立言、立功、立德的三重境界，還是海德格以「詩意棲居」的存在，都通往「實踐式獨立」這一自我肯定需求的滿足方式。提出並實踐一種新的生存方式，並不意味一定有益，甚至可能是一種錯誤的實踐；但實踐式的獨立，能使個體在成長過程中超越自我，並在自我認知的主觀範圍，徹底弱化各種外部可能帶來的主觀負面影響。

　　第二種方式：外部獲取（真善美），得到真善美的滋養，能夠強烈滿足人的自我肯定需求。軸心世紀中確立的對於真善美的追求，直到今天仍然是人們行為的圭臬。

　　生而得之的善意，是我們從外部獲取的第一種滋養。從父母和長輩處獲得的精心呵護、從日常生活環境中感受到的安全可靠，對於新生的嬰兒來說，都是滿足自我肯定需求的重要方式，這種可以持續獲得的善意，幫助我們肯定自我的存在，鼓勵我們前進，認識世界。

　　山川河海，浩瀚星辰，我們在天地中感受崇高之美；狼奔獅吼，虎嘯猿啼，我們在生命的追逐中感受力量之美；鳶飛魚躍，夏蟲蜉蝣，我們在萬物中感受精巧之美；浮光躍金，靜影沉璧，我們在萬籟俱寂時感受平和之美。萬事萬物皆有美之色彩，或波瀾壯闊，或曲折荒誕，或源自人的精巧構思，或源於自然的鬼斧神工，美能超越生命的層次。孔雀開屏，是雄孔雀炫耀自己的美麗來吸引雌孔雀，而人類也能感受到這種美麗。美亦能穿越時空，千百年前的動人詩篇與優美旋律至今依然令人心潮澎湃，能感受到作者的喜樂憂愁。這種普遍存在的美感，是我們從外部獲取的第二種滋養。

　　人類在認識世界的過程中，發現了不同事物間的廣泛連繫，而這些複雜的連繫背後，又是由單純性的原理來掌控。讓我們相信真理的存在，這一點本身就能夠滿足自我肯定需求，也是我們從外部獲取的第三種滋養。本書在第四章已經討論了物理學定律的單純性，並將在第二十一章討論人類認知的規律，人類的知識總和不停成長，而先哲認為會逼近真理。

Before the Rise of Machines
從智人到 AlphaGo
機器崛起前傳，人工智慧的起點

　　第三種方式：透支未來（信仰與宗教）。一定意義上講，宗教透過向信徒許諾一個更美好的來世，也是一種變相的透支未來。無論是佛教許給信徒的生命輪迴，還是道教許給信徒「得道」後的長生不老，甚至包括儒家傳統指引儒生透過「入世」而獲得功名，都是一種強大的、期許未來的力量。我們會在後面章節詳細地討論宗教的演化過程，但無論朝哪一個方向演化，宗教和包括自然主義、科學主義的各種信仰，都在利用透支未來這種強大的方式，滿足人的自我肯定需求。

　　第四種方式：再出發／反叛，即代際間的傳承透過反叛的方式再出發。饑餓則號哭、恐懼則嘶叫，這是人在誕生初期，面臨陌生的環境，以反叛的方式提出訴求的表現。嬰兒出生，初次接觸這個世界，「自我」與「外界」的劃分模型就開始建立了，認知膜也在逐漸形成。但這時的認知膜和自我意識都還十分脆弱，當外界強烈刺激嬰兒的「自我意識」時，脆弱的嬰兒最本能的反饋便是號啕大哭。

　　當人處在不熟悉的環境中，最直接的辦法就是思維躍遷，產生各種想法並嘗試。小孩會在公共場合嬉戲打鬧，反叛的結果可能是需求得到滿足，假如小孩的嬉鬧得到縱容，「收穫他人關注」的自我肯定需求得到滿足，他可能就會養成這種反叛的習慣，在各類場合違反規則而使人討厭；當反叛的結果和預期不同，如小孩子本來只想收穫快樂，卻受到家人的批評（如圖 7-3），他可能就會意識到自己的錯誤，避免再犯。

　　不管結果如何，反叛所得到的反饋，都會豐富和強化我們對於反叛行為與環境的認識，繼而加深「自我」與「外界」的劃分，強化自我意識。根據反叛與自我意識直接的互動迭代，多數人的反叛會隨著年齡成長而減少，但也有人的反叛行為卻會隨著年齡成長而增加。

第二部分 原罪或虛妄
第七章 自我肯定需求與認知膜

圖 7-3　家長應對孩子的反叛

人們通常認為反叛是幼稚的行為，但反叛實際上是代際間的傳承，人們需要透過反叛再出發。反叛可以看作是思維躍遷的表現，它有一個重要作用，即為「創新」。這為知識所創造的個人行為湧現提供思維基礎。反叛也具有局限性：單純的個體反叛只是被動接受環境、在特定環境中確立「自我」與「外界」劃分的一種特殊方式，也可能造成損失。比較突出的表現是：

（1）對於很多叛逆青年，若缺少必要的學習，叛逆無法促成其在科技或藝術上湧現創新；

（2）散戶投資者在持有成長潛力股票後，會樂於更換成高波動率的股票，而喪失把握長線成長的遠見。

反叛後的再出發，可以大大滿足自我肯定需求，甚至自我超越。反叛的基礎是思維躍遷，作為代際間傳承的一種方式，它可以是對於某種猜想的嘗試，也可以是突破常規的尋找新發現，還可以顛覆以往的審美與信仰，創造新的價值體系。

在個人層面，自我肯定需求並不僅僅是一種為避免飢餓而覓食、為抵禦入侵而群居的外化、反射式需求。這正是由自我肯定需求的本質所決定的——對抗環境不確定性、尋求認同、形成超越、延續存在。在一個人的「自我意識」誕生後，自我肯定需求也就隨之產生，並影響人的決策；同時，自我肯定需求也在上述四種滿足方式的單一或聯合作用下，外化成決策動力、行為模式、生活習慣、審美

Before the Rise of Machines
從智人到 AlphaGo
機器崛起前傳，人工智慧的起點

情趣、生存方式，浸入人的「自我」之中，促成人的發展與超越。四種滿足個人自我肯定需求的行為方式在影響了諸多個體後，促進了群體「自我」的進步，最終體現到國家層面上，又產生了與之相關的方式，對整個群體產生更深遠的影響。

如果我們再以文明為單位分析，會發現自我肯定需求也解釋了文明的演化歷程。一般認為，在傳統文明古國中，希臘軸心突破針對的是荷馬諸神的世界，印度針對的是悠久的吠陀傳統，而中國軸心突破發生的背景則是三代（夏、商、周）的禮樂傳統。我們認為，所有這些都屬於「反叛式」的超越，只是反叛程度不同，其中，中華文明的反叛性最弱，而以色列反叛性最強，古希臘和印度的反叛與繼承程度在兩者之間。以色列的突破必須追溯到猶太人摩西，他雖然被埃及公主收養，過著優渥的生活，但痛恨埃及人對猶太人的壓迫，並目睹了埃及法老制度的腐朽和衰落。摩西帶領猶太人出走埃及，在西奈山上確立十誡，強調抵制偶像崇拜，明顯是對埃及文明的反叛。

中國的三代、古巴比倫王朝、古埃及文明和古印度的吠陀文化，幾乎在同一時期衰落崩潰，我們認為這一時期相應地區（北緯二十五度至三十五度之間）的氣候變化是可能的誘因，因為農業社會主要依靠外界環境。氣候變惡劣，很可能觸發並加速以農業為主要生存基礎的文明崩潰，也為新王朝和文化的再出發提供機遇。前期文明崩潰的痛苦記憶猶新，復興作為自我肯定需求的一種訴求，驅使人們去探索新的可能。如果氣候轉好，更適宜農業生產，財富激增更加強了對人類終極目標關懷和思考的動力，並形成相應地區文化的超越。這些超越，本質上都是反叛原來的自我肯定方式，產生新的自我肯定方式。

由此我們也知道，自我肯定需求是必需的，並非可有可無。尤其是在人這一微觀層面，自我肯定需求其實更難滿足：從出生起，父母給予自己足夠的照顧，以自己為中心；隨著成長，有了兄弟姐妹或夥伴後，漸漸偏離了生長環境的焦點，開始反抗；到成熟的過程中，還會發現自己不僅不是生活的焦點，而且還要處理各種矛盾，在浩瀚的世界中是如此渺小，因此需要尋找各種根據或資源，滿足自我肯定需求。在尋找滿足自我肯定需求的方法中，有多條道路供自己選擇，好壞都有可，而前人留下的各種想像與資源，會在重新整理後，形成自己獨特的人格，

第二部分 原罪或虛妄
第七章 自我肯定需求與認知膜

形成獨特的認知膜。

相比之下，在國家層面上，滿足自我肯定需求的方式更容易被觀察，因為國家的構造方式不一樣，即便國家受到宗教、倫理的約束，這些影響因素相對而言也並不多。

再看人類之間的交往過程，人與人之間的社會行為其實是彼此認知膜的融合過程。孩子的成長和他所處的環境有千絲萬縷的連繫，當他開始觀察這個世界，就會接觸到來自各方面的強烈刺激。我們知道，很多刺激會為孩子留下深刻的印象，這是因為孩子大腦的神經連接尚弱，卻又處於快速建立連接期，因此他對於世界的感知會被大腦深刻地記錄。

人認知膜的形成過程其實並不是獨立的，家庭、社會環境對認知膜塑造有潛移默化的影響。曾有過這樣一個慘劇：一名八歲少女被父親圈養於豬圈，失去自由八年之後，十六歲的她智力如四歲幼童；可在養母精心呵護四年之後，她就恢復了正常人的智商。

孩子心智的成熟，往往要借助大人的教育。孩子受教育的過程，其實就是形成、強化認知膜的過程。最初，「自我」和「外界」的簡單劃分，還不足以使少年完全獨立地接觸並認識世界，這時就要借助長輩的幫助。一方面是自我肯定需求的作用，使他們在嘗試的時候會觀察外界反應，加深劃分的模型並深化到記憶中，使他們更傾向於做能受到外界肯定的事情，繼而透過自省和記憶的方式，獨立完善和豐富自己的認知膜；另一方面，就是家長延伸認知膜到孩子身上，父母言傳身教，子女耳濡目染，慢慢就習得了來自父母的認知膜的觀念，這是家庭認知膜形成的步驟之一。

也正因為如此，不僅僅遺傳基因非常相似，孩子的認知膜和父母的認知膜也具有很多相同之處，等到孩子成人或獨立生活後，下一代的認知膜或許會有一定的改變，但家庭留下的印記依舊難以抹去。

由此，我們也可以解釋人們對於陌生人的不適情緒。當遇到一個陌生人時，我們並不知道彼此的認知膜是怎樣，尤其還依賴父母的認知膜，因此對於陌生人

Before the Rise of Machines
從智人到 AlphaGo
機器崛起前傳，人工智慧的起點

會有更明顯的畏懼情緒。但也正因為小孩認知膜不夠豐富，難以識別是非與好壞，也就很容易被壞人哄騙。

一個人的性格與選擇並不是完全獨立的，他受到自己所處環境潛移默化的影響，他的選擇和他的成長經歷會有著千絲萬縷的聯繫。這也是在一個家族中，人們的性格與心理相似的原因。所以，除去生物學的遺傳因素，認知膜的相似性也相當重要。

至於人與人相處，兩者建立關係時，相互接納的開始正是認知膜相互接觸並發現共同點的過程（見圖 7-4）。透過眼神，語言的交流，我們對對方最初的判斷就源自自我和對方的對照，這本質還是源於自我和外界的劃分。所謂的心靈相通或情投意合，不過是認知膜有較多的相似之處，使得相處融洽而不至於尷尬或不適合。這在某種程度上也說明，我們所交的朋友、所親近的人，都是自我的一種投射，只是投射出來的接近程度各有不同罷了。

圖 7-4　人與人交流的本質是認知膜的碰撞

一男一女原本各自有認知膜，彼此吸引後隨著交流加深，兩者的認知膜就會慢慢靠近，形成一個更大的認知膜；交流的程度越深，認知膜的外層越加堅固，共同的認知領域越來越大，但並不會完全重合，彼此還保留自己的個性認知。儘管如此，我們也能發現他們的生活、性格和認識等，會隨著相處時間延長越來越相似。而當兩者的共有認知膜越來越堅固（比如組成家庭），他們在與外界環境

第二部分 原罪或虛妄
第七章 自我肯定需求與認知膜

交互時，往往就表現出一致的行動，看起來更像是一個單位，這樣就形成了一個新個體，一個「大我」（圖 7-5）。

圖 7-5　情侶交往也可看作是彼此認知膜融合的過程

再比如公司，最初的創始人因為利益關係或者價值取向走在一起，透過公司文化的演化等，也會形成一個外圍認知膜，在與其他公司競爭的時候，也能表現出一致性。擴展到民族、國家也有相似的情形，可以透過文化、教育等達成。雖然內部是多個個體，個體之間有差異甚至衝突，但在外界看來具有一致性。這些由個體組成的新統一單位，可以視為一種空間上的新概念湧現。生命的初期應該也有類似的情形，細胞之間有競爭、有合作，又能識別自我與外界的差異，最終能夠融洽相處，彼此協作。

生命非常複雜，而當我們意識到這一點時，其實要承受非常大的壓力，因此需要認知膜的保護。人類面對外界環境時，面臨很多未知事物，本質上處於弱勢地位，也就迫使人類產生認知膜，創造出很多概念（引進概念時，必須小心謹慎，不能隨心所欲），來對抗這種壓力。「自我肯定」本質上來說，就是平衡人自身

Before the Rise of Machines
從智人到 AlphaGo
機器崛起前傳，人工智慧的起點

與外界的這種矛盾，人由此也想像出很多概念，比如「心靈」、「審美」、「宗教」、「道德」等，種種都是為了對抗壓力、追求幸福的需要，這種追求幸福的過程，也就是滿足自我肯定需求的過程。

每個人都有自我肯定需求，並且滿足的方式多種多樣。這時候你的疑惑或許又出現了：既然人們都傾向於肯定自我，為什麼還會有自發的違法犯罪等惡劣行為出現呢？

其實，自我肯定需求是剛性需求，本身並沒有好壞的分別。而且，實際上正是由於自我肯定需求在發揮作用，才存在對這個世界各式各樣「歪曲」的、「另類」的解釋，這些解釋實際上就是不同個體創建的的認知膜和意義空間。沒有人能全面、客觀的理解世界，每個人都是透過與世界不斷交互，逐漸豐富對「自我」與「外界」理解，這種認知演化的過程帶有主觀意識，與我們過去的經驗累積相關，也與對未來的判斷相關。

多數人在成長認知的過程中，能與外界有效的溝通，自我肯定需求能夠及時被滿足，形成社會普遍認可的價值體系；但也有人在「自我」（或認知膜）成長的重要時期，在與外界的交互中吸收了（社會眼中）錯誤的內容，或是形成了錯誤的理解認知，逐漸形成新的認知膜，他們滿足自我肯定需求的方式異於常人，即便不被社會大眾認同，他們仍然認為自己的所作所為是正確的，又或者「不被他人肯定」，就是他們「自我肯定」的方式。

國家層面也有著眼於未來的舉措，比如「透支未來」，對未來的預期正確，可以為國家帶來足夠影響力。對於政治家，鼓舞民眾、灌輸願景，也是透支未來的一種表現。人類社會不斷建立複雜的結構來適應環境，在尋求生存機會的同時，也趁機將物質世界改造得更有利於社會的發展。

不論是杭士基（Noam Chomsky）[10]還是維根斯坦的理論，都表現出典型的西方學術傳統模式，站在還原論的角度來說，研究的最小單位（原子）應該固定不變，否則建立在此之上的研究無法進行。這種假設在研究人類問題的時候變得困難重重，因為人是動態變化的，自我肯定需求也是動態的。西方學術模式可能

10　美國哲學家、語言學家，其生成文法被認為是二十世紀理論語言學研究上的重要貢獻。

第二部分 原罪或虛妄
第七章 自我肯定需求與認知膜

不容易認同這種類型的體系，而認為馬斯洛的層次需求理論才是正確的。但在現實中，研究者就會面臨研究的基本對象處於動態變化中的問題，如果仍採用以往靜態原子式的假設，將無從下手。

自我肯定需求和人類的思維都具有動態變化的特點。在基因中，我們就要考慮可變動的因素。黑格爾和馬克思的部分理論，以及更早期的古希臘辯證法中，都表達了變化的思想。但總體來說，考慮這種動態變化的因素，整個研究對象的確會複雜很多，而西方學術乃至全球的學術界中，還沒有適應這種建立在動態變化基礎上的思維模式。

人類認識的世界，從某種程度上講，是人類按照自己期望的來認知，並非客觀世界的本質，即人類其實是在設計這個世界，其背後的動機是人類對自身的自我肯定。維根斯坦認為對象沒有結構，而自我肯定需求內部應該有結構，雖然它是動態變化，但還是可以分出結構。

（1）核心部分：我、自我、精神、靈魂、自由意志，不同詞語表達同一個意思。
（2）中間部分：意義空間、概念空間（即認知膜），更多意義層次的概念。
（3）外圍部分：物質世界。

精神也好，靈魂也罷，都屬於極限狀態，而且從某種意義上說都不可能完全描述清楚，我們能夠描述的是像中間和外圍部分這類靠近外圍或外圍的概念。雖然核心部分變動且難以定義，但其存在性不容置疑。

關於「自我」、「意識」和「精神」的概念，將來或許能更準確的敘述，但我們現在的描述只能達到這樣的水準，類似處在古典物理描述磁勢的狀態，只能說是一種極限狀態。這種極限狀態可以理解為絕對的、理念的，接近柏拉圖式的一些表述，但無法明確、完整地闡述。雖然不能徹底說明，但自我肯定需求核心層的東西，需要與外層、外界交互而表達出其存在性。

人之所以為人，就是因為存在自我肯定需求，人脫離了自我肯定需求，其認知膜將不復存在，「自我」就會消散，也就不再是真正意義上的人。自我肯定需求需要透過認知膜與外界接觸，從而對個體「充電」，補充養分，滋養「自我」，

Before the Rise of Machines
從智人到 AlphaGo
機器崛起前傳，人工智慧的起點

以維持作為人的根本特徵。自我肯定需求的表達方式動態可變，得到滿足的方式也不一而足。

對於自我肯定需求在時間上的演變和湧現，可能還需要進一步思考，但可以確定的是，現在的人類與遠古的人類一定有所差異，比如語言的出現就為人類帶來巨大的影響。再者，當今社會人類理性思維越來越多，應該也是以前遠古時期所沒有的特質。「自我肯定需求」應該從生命更本質的地方說明，因為我們相信生命演化的最根本動力，就是自我肯定需求。

自我肯定需求理論的提出，使我們看出：物質世界與意識世界的間隔並沒有那麼大，唯心主義與唯物主義的界限也沒有那麼寬。很多人文故事給我們的啟示是：某一主體存在於宇宙中，一開始可能不具備任何資源，但他堅信自己能夠完成某一個目標，並由此影響他的一系列行為，都向這個目標靠攏，他就有可能真的達到這個目標。並且在這個過程中，還可能有外界的資源或力量支持他，他越接近目標，收到的支持力度越大。這個現象用唯物主義的觀點難以被充分解釋，但它又確實存在，比如二十世紀後半葉，美國的數位訊號與蘇聯的類比訊號競爭，由於資源向美國數位訊號技術集中，即便蘇聯的類比訊號也有一定價值，最終數位訊號還是成為勝利的一方。

人類對世界的探索，不論是向上（宇宙）還是向下（粒子），都還沒有看到盡頭，這也是人類與圖靈機不同的地方。圖靈機有規則的，而人類不知道規則，全憑自己不斷地發現、探索和總結。

第二部分 原罪或虛妄
第八章 我自巋然不動

第八章 我自巋然不動

人使用概念形成認知，認知形成決策、行為，最終反映出人類智慧，而自我肯定需求是這一過程最根本的推動力。概念的形成，最重要的作用是用來描述、定義和理解環境，人認知的形成，正是建立在與環境的交互過程。人從誕生到成長的整個過程，其能力，在面對複雜、惡劣的環境時，顯得非常局限。

賽門（H. Simon）在《人類的認知——思維的資訊加工理論》中提到，所有大腦加工的任務都受到基本生理約束，人的認知和決策形成過程中，應探討的應當是有限的理性、過程合理性，而不是全知全能的理性、本質合理性，並且人類選擇機制應當是有限理性的適應機制，而不是完全理性的最佳機制。

人不可能具有足夠的所謂「理性」，來理解和改造環境。那麼，人具有什麼樣的認知推動力，使人能在惡劣環境中生存下來、創造性地生成概念、形成決策，並確立自我的存在？我們認為這個推動力正是自我肯定需求。

嬰兒在誕生之初，自我意識極其微弱，並沒有死亡等概念，他面臨的第一個直接問題是，該如何區分「自我」和「外界」。劃分標誌著自我意識的產生，也是人看待環境的基礎。面對陌生、複雜、未知的環境，環境對人造成直接的感官落差，這些落差不斷刺激自我意識，強化了「自我」和「外界」的劃分。透過最原始的視覺呈現和觸覺交互，以及隨後語言代碼的產生，開始吸收、比較、交互環境。在這個交互過程中，只有在自我意識之中形成自我肯定需求，並主觀地在

Before the Rise of Machines
從智人到 AlphaGo
機器崛起前傳，人工智慧的起點

認知上高估自我，才能在能力欠缺的情況下填補環境帶來的未知恐懼，進而形成和定義自我和外部環境的邊界，確立自我的存在。在這個堅實的認知基礎上，人才得以生存和認識、改造環境。

因為認知膜與自我肯定需求的形成，嬰兒時期面臨未知外部環境時堅強地確立存在感，進而透過主觀高估，形成自我和環境的邊界，這是面臨複雜惡劣環境時，一種倔強的反叛精神，也是人在成長過程中發展出多樣性的根本原因。這種對自我的高估，在認知膜的保護下，會在成長過程中推動各種策略形成、行為選擇。人在自我肯定需求的驅動下，傾向於肯定自我，才會在大量的隨機條件下，確立每個人差別於、獨立於他人的自我選擇。這樣的選擇有時會顯得不合理、執著、執拗，甚至是錯誤，但正是這一非理性過程的存在，耦合新的外部資源和條件後，才能發生、成長創新和創造行為。

自我肯定需求在自我意識確立之後，為行為多樣性奠定了認知基礎，它是思維躍遷的反作用，使人類社會具有更多「不一樣」、更不確定的差異性。但是，自我肯定需求的內在機制，同樣塑造了「認同」的可能，泰弗爾的心理學實驗，就是由自我肯定需求形成認同意識的極端反映。泰弗爾於一九七〇年設計了「最小團體研究典範」的心理學實驗，他將受試者隨機分為兩組，然後讓每人為其他人分配資源、評價。其結果表明，在事先毫無交流、毫無社會結構和直接相關利益的受試個人間，當個人一旦意識到分組，就會分配給自己組員更多的資源和更高的評價。這種認知分類，使人在主觀上知覺到自身與他人共屬的認同感，這樣的認同所引起的向團體內部分配更多資源和更高評價的現象，被稱為內部團體偏向；而對團體外部反向的分配和評價，被稱為外部團體歧視。這個實驗揭示了分類、區分彼此，是形成團體行為的基本條件。一個即使毫無意義的分類，已經足以造成人在認知上的偏好，進而形成一種帶有偏向的團體一致行為。

泰弗爾的「最小團體研究典範實驗」，深刻揭示了人對於「自我」的深刻傾向。該實驗的深刻之處，是以心理學實驗的方式，揭示了人在自我肯定需求的驅動下，當其完全缺失自我肯定需求中「周圍環境或社會對其評價」的參考系時，哪怕一個毫無意義的自我邊界區分，都會毫無理由地高估人為形成的、屬於「自

第二部分 原罪或虛妄
第八章 我自巋然不動

我」的團體內部，從而輕易形成認同。這也正是認知膜在完全缺失參考系、價值體系為空集時，徹底、任意傾向自我，且隔絕任何外部環境的極端表現。這是自我肯定需求破壞性的典型反映，如自我肯定需求極端強烈，而導致的種族仇殺。

成長就是認知膜不斷演化的過程，人的「自我意識」與認知膜緊密相連，其實並沒有明確的邊界。現實世界中，認知膜的形成，不可能缺失價值判斷，而是透過有選擇地吸收外部條件，來靠近、融合或疏遠、敵對其他個體和群體。這一機制統一了人的非理性、執拗行為和理解認同行為，人類社會的多樣性和融合性在此處可以統一解釋。

認知膜除了具有保護作用，還具有擴張性，其表現就在於前面提到的自我意識延拓。人開始直立行走後，雙手得到解放，學會製造、利用工具，並且攜帶工具。

自我意識向外擴張的最明顯的例子，就體現在占有欲。人要生存，就離不開食物，也正是食物，讓人從「我」的意識中，明白了什麼是「我的」。食物就是人開始有「我的」的意識的一種體現。為了生存，人首先學會了占有或爭搶食物，還產生了對自然資源的占有欲（比如領地意識），這也恰恰是自我肯定需求最開始的一種體現。

面對一條河，個體或是部族會希望這條河只屬於自己，而不能被別的個人或部族染指，這個想法無法被滿足的結果，便是部族或是人與人之間的戰鬥。也正是從這個時候開始，人的「自我」和「外界」的區分變得模糊。

「我」可能不僅僅只局限於「我」這個身體本身，還可能包含了「我的」持有物，如食物，工具，衣著等；等到物質富餘的時候，「我」的內涵更加豐富，財產也成為「我」的一部分。這時，人的「自我」與「外界」的區分可能更加模糊，已經延拓到田地、奴隸、財物等財產層面。

古語說「人為財死，鳥為食亡」，生產要素關聯著人的身體性存在，甚至影響著人的存亡，同時人對財產的占有，不僅是為了維繫自身生產，更是為了顯示自己存在的意義，因為此時的生產要素已經成為「自我」的一部分，物的價值也

Before the Rise of Machines
從智人到 AlphaGo
機器崛起前傳，人工智慧的起點

由此成為人價值的證明。

至於對於名和權力的慾望，本質上也是一種自我肯定需求的體現。人在積極尋找肯定自我的價值所在，盡可能豐富「自我」內涵的過程中，逐漸擴展到了追逐名利和權力。當物質生活已經得到滿足之後，人將不再僅僅局限於占有生產要素，還會在非物質世界中找到「自我」價值，而自我肯定需求始終是「自我意識」向外擴張的內在驅動力。

自我意識不僅能夠向外擴張，還能夠向內豐富，自省就是其表現之一。孟子強調「反身而誠」來存心養性，認為只有修練個人心性才能實現理想的人格。而「行有不得，反求諸己」，其實說的也是當外界和自我預期產生較大落差的時候，我們應當在鮮明的對照之中反省。也正是認知膜這種動態穩定的機制，使人在面對較大的心理落差時，一方面能透過鼓勵自己堅持下去；另一方面能夠理性地修正預期和自我意識，加深自我對外界的認識。

到了更廣層面的認知膜時，如一個公司，一個國家，甚至是人類全體的認知膜，都具有動態穩定機制。這個時候的動態穩定，不僅僅像人類個體的認知膜那樣具有外延和內省的穩定性，還體現了全人類的進步。尤其是在全球化的今天，國家與國家的連繫更加緊密，人們也終於意識到了整個地球上的人類同呼吸，共命運，休戚與共。

同時，發展到今天的人類，早已經將地球作為人類的一部分了。幾百年前，為了推進工業革命，人們不斷地從自然攫取各式各樣的資源，地球已經千瘡百孔；但是現在，人們認識到只有一個地球，開始真正將地球當作全人類的一部分，並開始反思，不斷尋求科技創新以延續地球的生命。

隨著科技發展，人們開始探索宇宙，登陸月球後，也研究太陽系的其他天體，人類已經將自我的邊界，延伸到地球外的世界。至於認知膜的向內延伸，現在人們已經具有比以前更強烈的全球意識和主角意識，當個體的認知膜不再僅僅局限於個體本身，而向周遭擴展，尤其是產生了對集體、國家甚至是全人類的觀念認同時，整個集體、國家甚至人類的認知膜將更加堅固和豐富；當人們發自內心地團結的時候，整個大認知膜將幫助人們面對更加嚴峻的挑戰。

第二部分 原罪或虛妄
第八章 我自歸然不動

重點是，認知膜如何保證全人類不會面臨滑坡的困境，而一直向前發展呢？其實，作為人這個個體認知膜的綜合，全人類的認知膜會更加豐富，同時也會繼承個體「自我意識」的特點。

思維的躍遷依然可以體現在人類集體的「自我意識」之中，而且這個時候滑動性的作用更加強大。集體思維的躍遷建立在個體思維的躍遷之上，因為個體數量更多，思維在同一鞍點上滑動的方向，從機率上說會更加豐富，同時也導致同一個方向上滑動的個體數量會更多，而不同於個體獨立的選擇，這就放大了個體思維躍遷的效果。首先是各種不同方向的少數嘗試，為大多數人提供了直接的經驗和教訓：一個人或是少部分人在一個方向上的失敗或犧牲，換來的是集體在某一方向上的警惕和捨棄；而一個或少部分人的成功經驗，卻能夠贏來更多人的關注、研究和嘗試。

正如，如果市場中某個人在某件事情上，成功獲得了更高的利潤，在策略不被保密的情況下，其他人便會紛紛效仿，畢竟大多數人的認知膜結構相似，這就使複製成功經驗成了可能。

同時，因為人在整個社會中不再是獨立封閉的個體，必然存在交流，這就使嘗試的經驗能夠被迅速傳播，並被研究。每個個體的「自我意識」，構成人類全體認知膜上的一個個節點，個體的思維躍遷在這張網上迅速放大，使人類全體的認知膜豐富的同時，也具有更靈敏的感知能力。而且，個體的失敗或許會讓一個人走入深淵，但作為人類整個認知膜中的一個節點，並不足以撼動整張大網，正如人體中一兩個細胞壞死，並不足以影響整個人體的健康一樣，人類全體的認知膜能夠包容一些錯誤。

當然，我們也必須承認，認知膜的敏感，只能及時感應到事件的發生，而無法判斷事情的好壞。好壞的判斷有賴於周邊節點的反應。可以說在大部分的情況下，周邊人的判斷都有利於整個認知膜進步，但也可能會失靈，這個時候往往就會發生群體性滑坡或是瘋狂。

例如在希特勒（見圖 8-1）的帶領下，德國納粹興起的種族狂熱與仇視，狂人希特勒也憑藉著合法的民主選舉，一步步成為德國的總理，繼而領導德國發動

Before the Rise of Machines
從智人到 AlphaGo
機器崛起前傳，人工智慧的起點

了第二次世界大戰，並慘絕人寰的屠殺猶太人。在這個事件中我們會看到，首先是在當時的政治經濟條件下，整個德國的認知膜扭曲，而德國發動侵略後，周邊國家的綏靖政策又助長了德國的囂張氣焰，整個德國陷入的正是群體性的狂熱和道德滑坡，而當時少數的反對者自然因身處洪流之中，被國家的狂熱浪潮所淹沒了。

圖 8-1　狂熱的希特勒

「二戰」後，除了那些違背了人類良知的戰犯，我們甚至無法再具體指責誰。軍隊服從命令關押國家的敵人，理髮師盡心理髮，會計師一絲不苟地統計犯人的生活用品，可是當國家的每一個節點結合在一起的時候，整個國家就演變成戰爭機器，表現出一種瘋狂；所幸，還是有國家意識到了危險所在，同盟國也最終戰勝了軸心國，人類也意識到了戰爭的可怕，而更加期待和平。

第二部分 原罪或虛妄

第八章 我自巋然不動

　　歷史沒有被遺忘，相反，歷史中的每一次錯誤，都被印刻在全人類的認知膜中時刻警醒我們，這就是文明的代價。全人類或許有時候會小幅滑坡和倒退，但是認知膜的自省機制，使這樣的滑坡不會一直滑到人性深淵；同時，人類在歷史初期建立起來的一系列概念，使一些人始終堅信「善良」與「正義」，思維躍遷的多樣性也使每一個方向都能被充分認識，並被一部分個體認同，故全人類群體中總有一部分能夠保持清醒，恪守人性。

　　正因為如此，人類整體終於能在曲折中螺旋式地向上升，而不至於在某個意外後徹底淪喪。這種動態穩定，是站在歷史角度看到的穩定，而不同於個體層面的穩定機制，這也就保證了人類整體的認知膜，不會太容易向違背人類真正意志的方向發展。

Before the Rise of Machines
從智人到 AlphaGo
機器崛起前傳，人工智慧的起點

第九章 決定論與自由意志

　　從物理學的角度來看，所有事物都在時空中連續流動，根本沒有區分什麼是「自我」，什麼是「外界」，它們都滿足於動力學方程式。「自我」、「意義」、「價值」等，在物理世界看起來都很虛幻，但正是由於有自我意識，世界才能被區分為「事」和「物」，並被賦予不同的權重與意義。我們根據這種看似虛幻的自我意識，改變了實在的物理世界，由此觀之，我們也確實具有「自由意志」。

　　從這點來看，我們也在試圖回答休謨的問題，即所謂從「是」能否推導出「應該」，也即「事實」命題能否推導出「價值」命題。

　　如果可以理解人類智慧「從哪裡來」，那麼面對人工智慧的挑戰，我們就無法迴避人類智慧「該往哪裡去」的拷問。我們為休謨問題的解答，提供了一個新連接點——自我意識。連續的物質運動被「自我意識」分割成「事」和「物」，然後在此基礎上被分類，被賦予權重和意義。物理世界本來是連續的時間流，人為劃分後賦予其意義，並加以分類，又將這些獨立模組重新連繫。這兩個過程迭代演化，「價值命題」可以從「事實命題」反映，也可以由「自我意識」生發。

　　當然，有人可能會有疑問，既然所有的事物都要滿足物理定律，而物理定律是確定論，不論是牛頓定律也好，量子定律也罷，只要提出了條件，不論多麼複雜，都會按照既定方式演化，那麼自我意識、自由意志和主觀能動性，又是如何進入這個世界的呢？要回答這問題，可以對照當年熱力學第二定律出現後的情

第二部分 原罪或虛妄
第九章 決定論與自由意志

形。熱力學第二定律所說的時間有方向，世界一直朝著熵增大的方向演變，這與牛頓力學（可以時間反演）直接衝突。當時的解決方案是，理論上，狀態都可以回到原點，但時間會非常漫長，這樣長時間的觀測在實際生活中難以執行，也就沒有太大意義，因此在有限的時間內，我們看到的就是單向的演化過程。

自由意志也面臨類似的問題，由於人是由粒子所組成，每一個動作或決定看起來也應該遵從物理定律、按照一定的因果關係進行；但實際上，絕大多數情況下我們卻看不出明顯的前因後果。

其實，人體由大量粒子所組成，恰好說明了在所有粒子的相空間中存在大量鞍點，自由意志有很多機會參與其中。而且在每一個時刻，都能保證物理規律被滿足。比如跳水，沒有受過專業訓練的人可能跳下去就坐在泳池裡了；但如果是一名技術一流的運動選手，就可以姿態優美地跳入水池。在這個例子中，選手離開跳板（假定空氣影響不計）的運動軌跡一定滿足牛頓方程式，人體重心的軌跡一定是拋物線；但即使如此，選手依然可以自由調整姿勢入水，過程的細節由他自己控制，雖然這些小動作都滿足相應的物理方程式。

當然，我們也可以繼續追問，一個人怎麼做這些姿勢？為什麼要這麼做？這也可以找到前因後果。如果一直追溯，找出所有原因也有可能。如果我們純粹從物理學觀點來分析這名選手，將所有細節都以物理方程式形成一條完整的因果鏈，可以一直連到宇宙大霹靂那一刻；但倘若追溯到宇宙大霹靂，那時任何一點變化都有可能影響現在的決定（人的腦波、動作等都決定了行動的方式）。這種追溯顯然不現實，回到純粹的物理世界，對我們分析當前選手的行為沒有幫助。與其如此，不如採取另一種觀點，即認為選手具有自由意志，他自己決定怎麼動作，所以他的入水如此優雅。

可以說，「自由意志」體現在一個人的意識處於鞍點時的滑動方向，而此時滑動的方向正是由人當時的認知膜所決定。認知膜的追溯，最終回歸到「自我意識」的產生，因此我們將皮膚作為「自我」與「外界」最初的邊界，將原意識作為意識的開端，以及由此生發的一系列事物都視為相對獨立的概念，這對我們認識世界而言更加正確有益。在西方世界，自由意志一直被認為是沒有解決的問題，

Before the Rise of Machines
從智人到AlphaGo
機器崛起前傳，人工智慧的起點

因為其與動力學直接衝突。我們上述的回答應該還是很具有說服力，針對熱力學第二定律，我們以「各態歷經性」、「波茲曼函數」等方式說明，而針對自由意志的詳細證明，或者是否能用函數表達，我們也正在研究。

人的確有主觀能動性，有自由意志，最終可以「從心所欲不踰矩」──即使有物理規律的約束，我們還是可以很優雅地生存，展現自己的意志，從必然王國走向自由王國。就像跳水，雖然沒辦法改變拋物線，但可以選擇自己的動作。

自由意志一旦產生，就會影響我們的行為，從而改變物理世界。巴菲特決定投資華盛頓郵報，並且有足夠的資金支持與管理，這筆投資就成為一個成功案例，這也就是巴菲特的個人意志在外界的作用。類似的，馬斯克投資 Space X、Tesla、Solar City 等公司，也是他個人意志的體現；蘋果公司展現了創始人賈伯斯的自由意志。

投資是人類的重要行為，能深刻地反映人性。一九九〇年代的網際網路泡沫，指數突增，泡沫破滅後人們賠得很慘，再往後是緩慢的成長。那麼，類似這樣的事件，到底是英雄創造歷史，還是人民創造歷史？在經典作家那裡，大多相信人民創造歷史，但同時也相信真理往往掌握在少數人手裡。一九九〇年代，網際網路公司剛上市的時候，大家都不怎麼相信關於注意力經濟的故事，質疑：既然不賺錢，為什麼公司值那麼多錢？但隨著股價飆升，人們由疑惑轉為接受。結果，所有人都買了網際網路股票，連美國聯邦準備系統都同意說進入了新經濟時代。但泡沫終將破滅，股票價值遽降，很多人的錢都付之東流。這個故事本身的方向是對的，前面是少數人講故事教育大眾，後面是大眾參與，然後真正賺錢。今天，網際網路股價的指數基本回到了泡沫頂端的水準，我們也可以想像還會漲得更高。

在社會行為中，人的自由意志和主觀意志能夠產生影響，而且這種影響在一定範圍內不可計算。

一個理由是，雖然個人自由意志可能受到整個宇宙的影響，但自由意志可以湧現出無窮多的新觀念。比如說，宇宙是有限的，或者說我們所感知到的宇宙是有限的，但我們從不懷疑無窮大的存在。神、佛、仁愛、理念、絕對精神等都是

第二部分 原罪或虛妄
第九章 決定論與自由意志

發明出來的概念,而從物理視角看它們其實並不存在。

為什麼說人的認知會受整個宇宙的影響呢?這就是前文曾提及的,人類對宇宙的最初認知就是二元劃分,「自我」和「外界」(原意識),這個劃分實際上已經是整體的思考。軸心世紀在北緯三十度左右,前後幾百年湧現出這麼多的新觀念,那時正是中國春秋戰國百家爭鳴的時代,大家都在探討人類的未來、人類對世界的期望,這些都是自由意志的展現。比如中國傳統文化中的「陰陽」概念,也是個二元劃分,很多時候看起來還是正確的,比如,正負電子就可以與「陰陽」相對應。但它也並非永遠正確,比如質量是正的,至今也從未發現負質量。

另一個理由,是人的行為具有爆發(bursting)的特性。語言是人類區別於其他動物非常重要的特徵,語言的演化和習得都有爆發的特性。對個體而言,學習語言特別是母語,就存在爆發期,嬰孩開口說話可能要很久,但在某一段時間可能突然學會很多;連文法都能自己摸索,大人還沒教,小孩就學會了。對人類而言,有很多考古的證據表明,人的語言也是在短短十萬年演化完成,相比人類一百七十萬年的生存史,這也是一個爆發。

比如,唐代詩人留下的作品,我們至今還在欣賞學習,雖然我們也能寫詩,但寫出來的詩和唐代詩人還是有落差。到宋朝是寫詞,元朝又流行寫曲,透過梳理唐詩、宋詞、元曲,我們也可以發現在唐、宋、元朝都有作品爆發期,作品數量在這個區間內急遽上升,過後又快速下降,這種爆發即是源於自我肯定需求。語言的演化不是單純的適者生存,它還要滿足內心需求,比如南方的一些語言,發音、聲調都比北方語系更複雜,我們現在使用的是退化的語言模式,實際上是語言已經演化到了非常高的程度後,才開始向下走。演化現象很多時候要與自我意識連繫,才能真正理解,就好比將孔雀開屏,理解為雌孔雀喜歡雄孔雀的漂亮,意味著開屏的雄孔雀擁有更多的交配機會,此時,雌孔雀的主觀意識就參與其中。我們熟悉第一語言,但第二語言學起來很難,這實際上和認知世界有關係。母語使我們能表達,是一種很好的需求和衝動,孩子在學母語時都是天才;再比如音樂神童,他對音樂的敏感性比其他人更強,故更能透過音樂表達自我。

其實,數據再多也不能完全證明,也不需要證明,就像牛頓第一定律,既不

Before the Rise of Machines
從智人到 AlphaGo
機器崛起前傳，人工智慧的起點

能證明也不能否證，更多是思辨的結果，也有像日心說、地心說，不能被否證的假說。我們相信遵從物理學更簡單的原理，即單純性，所有的內容都可以凝聚在一起，其中基因突變是很重要的一環。先有自我和外界的清晰劃分、有自我肯定需求，才有高等智慧和豐富的世界認知。雖然我們用眼睛看世界，但一直戴著有色眼鏡。理解的基礎在於二元劃分，人與人之間的可理解性，也在於人能夠劃分自我和外界。人和機器交流比較困難，除非我們以某種方式教會機器二元劃分。人類智慧的演化和主觀的偏向性糾纏，和機器客觀的演算法形成鮮明對比，而且圖靈機本身不能夠產生自我意識或者價值體系，而如今在於如何教會它，讓它能夠理解人，才更有可能實現人機之間的和平共處。

假如說語言完全只用來交流或思考，那應該越統一越好，形成一個世界語再好不過，但實際上並非如此。西周的語言到了春秋戰國，演變出各式各樣的語言，即便後來被秦始皇統一，也只能做到文字統一，方言還是各式各樣，形成瀰散性；正因為有瀰散性，我們才能統計。比如，一個人的行為可以導致長尾分布，假定交易者中，有的人是價值投資，有的人是跟風，不難發現，如果提供一個高斯分布的刺激，市場價格的分布仍然是長尾。

整體來說，在社會行為中，人的自由意志導致的爆發性不可計算，但自我肯定需求會導致價值體系和行為方式的多樣性，在這層意義上，人的社會行為在統計上又可以被計算。

第二部分 原罪或虛妄
第十章 泡沫與願景

第十章 泡沫與願景

今天,我們只要花一美元,就能在街邊買到一朵含苞待放的鬱金香,但在一六〇八年的歐洲,西歐商人寧願用價值三萬法郎的珠寶,換取一支來自土耳其的鬱金香球莖。一六四三年開始,鬱金香泡沫席捲了全荷蘭,社會各階層的民眾蜂擁加入了鬱金香的搶購之中;到了一六三七年,鬱金香價格在一年的時間內翻了近六十倍,一支命名為「永遠的奧古斯都」的鬱金香賣出了六千七百荷蘭盾的價格,足以購買一處豪宅,而當時荷蘭人均年收入為一百五十荷蘭盾,鬱金香甚至進入阿姆斯特丹交易所上市交易,而當鬱金香的瘋狂到達最高點時,來自土耳其的鬱金香也大規模運抵荷蘭。在荷蘭人發現鬱金香原來不是什麼稀有的東西後,瘋狂後的狂跌上演,鬱金香的價格在一個多月的時間內跌落90%,可謂哀鴻遍野。

對於鬱金香泡沫,經濟學家做了各種解釋,然而很少有人注意到關鍵的一點——鬱金香來自東方。鬱金香所代表的是一種東方美,一種東方的神祕,一種東方財富的象徵。荷蘭人對鬱金香的瘋狂雖然令人愕然,但這種追捧的背後所深藏的,正是對神祕東方盛世的嚮往。

在泡沫中受傷,並不是普通百姓的專利,站在人類智慧金字塔尖的偉大物理學家也不能倖免。一七二〇年,南海公司聲稱其擁有南美洲西班牙殖民地販奴的壟斷特權,英國民眾開始搶購南海公司股票,南海公司股價在六個月內翻了十

Before the Rise of Machines
從智人到 AlphaGo
機器崛起前傳，人工智慧的起點

倍。而隨著類似南海公司「特許經營權」謊言的拆穿，人們開始大量拋售，在一七二〇年七月至十二月間跌去了 90%（如圖 10-1 所示）。牛頓在著名的南海公司泡沫中賠掉了兩萬英鎊，相當於這位英格蘭皇家鑄幣廠廠長十餘年的薪水。牛頓在三大定律之外無奈地留下了一句名言：「我可以計算出天體的運動和距離，卻無法計算出人類內心的瘋狂。」但在英國人瘋狂背後深藏的，是日不落帝國海外擴張的雄心。在南海公司泡沫結束後的一個世紀，英國沒有新發行一支股票，可以說，英國在這一百年中從外部獲取的資源，足已使其不必透過透支未來的方式填補自我肯定需求與當下供給的缺口，就能使國家崛起。

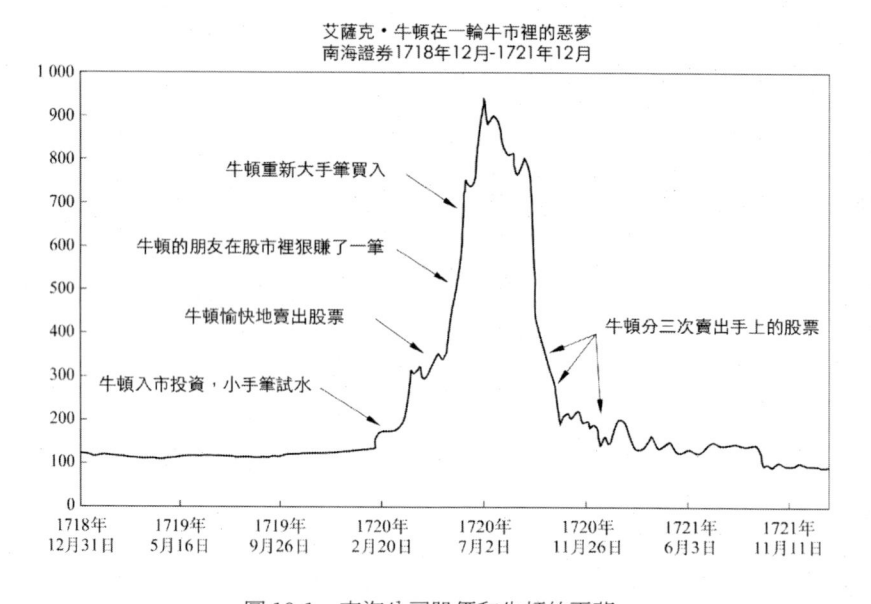

艾薩克・牛頓在一輪牛市裡的惡夢
南海證券1718年12月-1721年12月

牛頓重新大手筆買入
牛頓的朋友在股市裡狠賺了一筆
牛頓愉快地賣出股票
牛頓分三次賣出手上的股票
牛頓入市投資，小手筆試水

圖 10-1　南海公司股價和牛頓的噩夢

　　二十世紀以來，美國出現了數次由泡沫引發的災難，其中尤以一九二九年經濟大蕭條危害至深、影響範圍至廣。第一次世界大戰使美國從債務國轉變為債權國，技術發展、制度變遷和社會氛圍，使一九二〇年代的美國經濟與股市空前繁榮。

　　美國的工業生產指數，在一九二一年時平均僅為六十七（一九二三～一九二五年為一百），但到一九二八年七月時已上升到一百一十，到一九二九年

第二部分 原罪或虛妄
第十章 泡沫與願景

六月時則上升到一百二十六。一九二一到一九二九年，在這近十年期間，道瓊工業指數從七十多點攀升至三百六十點以上，股價平均上升334%，同期，成交額增加1478%，達到泡沫頂峰。所有人都對未來充滿信心，對股市和經濟非常樂觀。費雪（Irving Fisher）甚至預言，美國的股市價值仍然遠被低估。

可是，就在一九二九年十月二十九日，美國迎來了「黑色星期二」。在歷經近十年的大牛市後，到這年十一月十三日，十五天之內約三百億美元財富消失。在一九二九到一九三三年，這短短的四年間，股指從三百六十三最高點，跌至一九三二年七月的四十點五六點，最大跌幅超過90%。美國真實的GNP整整下降了30%，國民生產總值減少40%，平均每年負成長7%～8%。以當年價格計算，美國GNP減少了45.56%，一千三百萬人失業，失業率達到24.9%。進口和出口降幅超過2/3，九千家銀行倒閉。

泡沫破滅，使人們嘗試改變政策，透過推行「以工代賑」，加強金融監管，調整農業政策，建立社會保障體系和急救救濟署，一九三七年，美國國民收入從一九三三年的三百九十六億美元，大幅成長至七百三十六億美元，物價止跌回升，失業率大幅下降，工業得以鞏固和發展。經過二十世紀後續的發展，美國道瓊工業指數今天已上升到兩萬點，費雪和那些一九二九年前對美國科技和國家經濟、政治發展抱有願景等人，洞見已經實現。

現代金融市場反映了複雜的博弈行為，對金融市場各種異象產生的原因，至今沒有定論。有意思的是，二〇一三，諾貝爾經濟學獎授予了三位對資產價格波動持不同觀點的研究者。法馬（Eugene Fama）的有效市場假說和席勒（Robert Shiller）的「動物精神」從「理性」和「非理性」交易者的角度來看，形成了完全對立。有效市場假說無法合理理解真實市場中交易者獲得超額的收益，「動物精神」則從人的行為和心理角度，揭示資產價格波動中的人性因素。事實上，資產泡沫作為金融市場典型的異象，並不僅僅反映了市場內部價格的波動與相對價值的偏離。以歷史視角分析泡沫產生的整個過程，就能從對泡沫有全新的認識。由願景及其傳播和實現構成的泡沫週期，既製造危機，又使精英依靠普羅大眾的支持，從而推進科技、制度甚至國家的進步，推動人類探索未知世界。

Before the Rise of Machines
從智人到 AlphaGo
機器崛起前傳,人工智慧的起點

再來回顧美國的網際網路泡沫,一九九三年全球資訊網的出現,以及一九九五年聯合國將網際網路定義為全球性資訊系統的決議,使一九九〇年代出現了網際網路熱潮。美國出現大量的網際網路公司,網際網路從業者的願景和未來成長的可能,以及穩定的商業成長和持續攀升的股價,使越來越多投資者在股票上漲之時預計其會繼續攀升,而大量買入,進一步哄抬股價,使虛擬資本過度成長和相關交易日益膨脹。一九九六年四月,Yahoo 公司在華爾街正式上市,上市之初每股約為二十五美元,至二〇〇〇年經三次分股,使原來的每股分成六股後,股價仍達到五百餘美元,短短四年間漲幅達到一百餘倍。

如圖 10-2 所示,一九九九年十月到二〇〇〇年四月,在短短五個月內,美國那斯達克(NASDAQ)指數則從兩千七百點左右(一九九九年十月)上升到五千零四十八點(二〇〇〇年三月十日),翻了將近一番。二〇〇〇年三月十日,那斯達克指數在五千一百三十二點五十二達到峰值;但三十七天後,即二〇〇〇年四月十四日,那斯達克指數迅速下跌到三千三百二十一點,此時下跌幅度已達到 32%。直到二〇〇一年三月十二日,那斯達克指數跌破兩千點大關,並於同年四月十四日創下最低點一千六百三十八點。至此,那斯達克指數不到一年時間損失了近 68%。

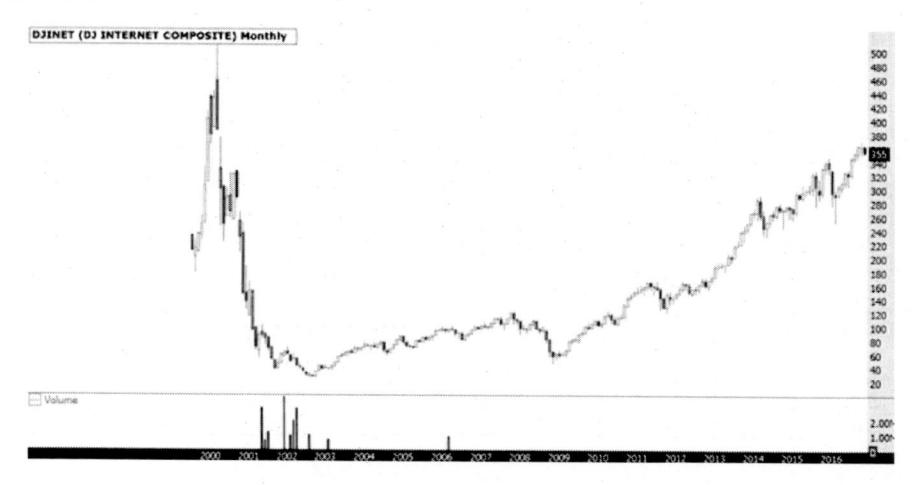

圖 10-2　道瓊網際網路綜合指數圖

第二部分 原罪或虛妄
第十章 泡沫與願景

道瓊網際網路綜合指數自一九九九年十月至二〇〇〇年三月，短短五個月時間內，由一百八十點急速攀升至五百點，漲幅超過一倍，並在接下來的一個月內持續走高，達到峰值。但不到一個月，道瓊指數迅速下跌，直至二〇〇〇年七月跌至近兩百點。二〇〇〇年七到十月，這三個月雖一度橫盤，但在二〇〇〇年十月道瓊指數再次下跌，在二〇〇一年跌至六十點以下，並在當年達到最低點。

不久，泡沫全速消退。那斯達克指數下跌68%，加上傳統股票道瓊指數的近兩成的下跌，使美國社會財富損失高達五萬億美元，相當於同期美國國民生產總值的一半。在此期間，倒閉五百三十七家網路公司，裁員十萬人。二〇〇一到二〇〇二年，網際網路行業的危機迅速波及其他行業，如營運業和電信製造業，許多通訊企業股票嚴重下跌，盈利狀況惡化甚至面臨倒閉。

但是，網際網路的發展並沒有因泡沫的破滅而停滯不前。如今，網際網路公司數目以每年近50%的速度成長，且從一九九五年全球不到四千萬用戶，成長到百億級網際網路用戶。歷經泡沫破滅，網際網路企業經過短暫的低迷後穩健發展，道瓊指數在二〇〇一年下跌至六十點後便進入穩定的成長階段，至今仍以一定速度持續攀升。

截至二〇一六年十月，網際網路公司包攬了全球市值的前五位。一九九〇年代中期瀕臨破產的蘋果公司，一九九七年市值不到四十億美元，到二〇一四年十一月已創造七千億美元市值紀錄，短短十八年間上漲近兩百倍，而今天更以六千一百七十一億美元的規模位居全球第一。連網際網路泡沫都沒有經歷的Google和Facebook，以五千多億美元和三千多億美元位居世界第二和第五。亞馬遜則從網際網路泡沫中完全復甦，股價從二〇〇一年最低谷六美元，一路漲至七百九十美元，並以三千八百多億美元市值位居全球第四。

不僅如此，在網際網路產業快速發展的大背景下，電子商務迅速崛起並持續發展，比如國際貿易電商平台eBay。泡沫破滅後網際網路迅速崛起，全面改變了人類生活。

太陽能產業的成長，可視為是繼二〇〇〇年網際網路泡沫破滅後的又一次科技泡沫。從古根漢全球太陽能指數可以看到，在二〇〇八年金融危機以前，對於

Before the Rise of Machines
從智人到 AlphaGo
機器崛起前傳，人工智慧的起點

太陽能產業發展前景的憧憬，導致了全球高估太陽能產業。該指數在二〇〇八年第一季度一度上升到三百點以上的高位。即使在金融危機的衝擊下，該全球指數仍在兩百五十點的位置，維持了近半年的穩定行情。而接下來的六個月，該指數一路下跌至六十點附近，並在接下來長達八年的時間內低位震盪。泡沫帶來危機，但對投資者的教育和產業健康發展是一次深刻的刺激。網際網路和太陽能產業在去泡沫化後，產業發展減緩，並趨向健康合理，更多的資本和智力投入，在自單晶的低效率太陽能轉換後，太陽能產業技術全面升級，太陽能材料也不斷創新。

從一六三六年爆發的荷蘭鬱金香期貨泡沫、一七二〇年南海公司股票泡沫、十九世紀美國和英國的鐵路泡沫、一九二九年美國大蕭條前的技術創新浪潮、二〇〇〇年網際網路泡沫，到二十一世紀的太陽能產業泡沫。悲觀地看，人們並沒有停止重蹈泡沫悲劇；而從願景及其傳播與實現看，東方文化和財富，以鬱金香這一象徵載體傳入西方，英國實現擁有海上霸權的日不落帝國之夢，美國科技創新推動其成為全球第一經濟體，網際網路改變全人類的生活方式，太陽能轉換能效的提升造福全人類的能源和工業結構。

三百多年以來，金融市場關於泡沫的紀錄，為理解人類行為提供了依據，即在對泡沫本質的認知上，能夠建立一種新的歷史觀。人類發展史上，一種科技、理念甚至是制度的創新和確立，都要經歷一個類似泡沫化的過程，凝聚更多人的意志基礎和物質基礎推動。金融市場利用資本力量加速這一過程，並以資產價格的數值波動，記錄了人類相關行為的歷史，從而使泡沫變得更為顯著。

人對未知世界和未來收益的願景（vision）、想獲得更多的衝動（impulse）、泡沫過程中受到的理念普及（education），以及泡沫破滅後堅持理念發展與實現（actualization），才是一個泡沫週期的完整過程。一小部分能夠洞悉並探索未來的精英，並不足以改造世界，只有透過傳播和擴大願景，使普羅大眾相信並跟進，才能使更多智力和財力投入到對未知世界的探索和改造。這個願景可以是科技創新，可以是制度優越性，可以是國家發展的藍圖和雄心，但也不能排除完全主觀的信仰和幻想。當更多大眾理智或盲目的跟進，泡沫開始形成；而當市場中的資源已無法滿足這一成長過程中短期的收益訴求，甚至這種成長預期和願景

第二部分 原罪或虛妄
第十章 泡沫與願景

已經蛻變成金融市場純粹的賣空博弈時，泡沫必然破裂。

泡沫使大眾，甚至精英付出巨大代價，願景和理念卻得以傳播。探索未知世界凝聚了更多的智力和財力，使其能更廣地加速發展。在整個泡沫過程中，人的行為動力很難用「理性」和「非理性」嚴格區分。泡沫的每一參與主體，都受到統一認知力量的驅動——自我肯定需求。個人和群體的自我肯定需求，推進這些歷史過程，也使人因為對未知領域的發展趨之若鶩，最終蒙受損失，成為必然。

對資產泡沫形成的原因和動力，學者提出不同的解釋。一九三六年，凱因斯將投資者的趨同行為造成的股價劇烈波動，描述為「一群無知無識群體心理的產物，自然會因群意的聚變而劇烈波動」；而二十世紀後，針對資產泡沫的研究圍繞「理性人」和「市場有效」的假設展開，形成了理性泡沫論和非理性泡沫論。

理性泡沫論，如新古典經濟學、資訊經濟學理論，尤其是有效市場假說，認為市場中不可能出現資產價格泡沫，即使有，也是理性資產價格泡沫。但稟賦效應、長期無限交易、借款限制等嚴苛的約束條件，已經脫離了市場的真實交易狀況。

非理性泡沫論，如行為金融理論，將資產泡沫的成因轉移到對人的心理和行為機制研究上。康納曼（Daniel Kahneman）認為，人的決策因為個體的關注和處理能力有限，而表現出對外部參考條件（如收益和損失變化）更高的敏感性，這是構成非理性行為的基礎；席勒引入「動物精神」的概念，認為信心、公平訴求、腐敗欺詐、貨幣幻覺和故事，一併構成了非理性繁榮（irrational exuberance）的心理基礎。

我們認為，要理解泡沫背後的行為，應該深入到人的認知層面，而非僅停留在「理性」和「非理性」的二分上。在總結了東西方兩千多年的財富流轉史後，我們提出，每個人經濟行為，甚至社會行為的根源性需求，都是自我肯定需求，即如前文所說「只要有可能，人對自己的評價，一般高於他認知範圍內的平均水準，在分配環節中，他更希望得到高於自己評估的份額」。自我肯定需求，是人能夠在特定條件下生存下來的認知基礎。外部環境的惡劣和自身有限能力的落差，使人首先必須傾向肯定自我，才能有改造環境的可能。

Before the Rise of Machines
從智人到 AlphaGo
機器崛起前傳，人工智慧的起點

　　金融市場的特點，使自我肯定需求受到極大刺激，而滿足方式變得單一，面臨的市場環境更為惡劣。但是，高度的資本流動性和資產價格波動性，為投資者滿足自我肯定需求提供了極大的可能。即使面臨不確定的未來收益，自我肯定需求也會驅動人堅信自我的決策，即使選擇是盲目，甚至錯誤的。只要市場中出現較為明顯的上漲波動，投資者對投資標的就會趨同選擇。當部分群體獲得收益時，這種落差將導致更廣的收益預期成長，甚至是幻象。整個市場中自我肯定需求的缺口迅速擴大，而在多輪的價格上漲後，最終導致更多從眾行為。

　　自我肯定需求使人堅信自己的盲目行為合理，最終不可避免泡沫。整個市場中，財富的成長與投資群體的自我肯定需求恆存在缺口，是使金融市場中泡沫永遠存在、歷史不斷重演的人類認知規律基礎。但是若要填補這個缺口，依賴於整個市場中的實際財富規模。當外部資源不足以滿足整個市場瘋狂擴大的自我肯定需求時，泡沫終將破滅。泡沫的頂峰，金融市場中賣空行為的背後，除了純粹的套利，更有相當數量的投資者的認知基礎，正是在自我肯定需求的推動下，願景突變導致反向操作行情，更加速了泡沫的快速崩塌。

　　金融泡沫的重蹈覆轍，正是建立在人牢固的自我肯定認知基礎之上。自我肯定需求的發現，消解了「非理性」和「理性」行為的二分。自我肯定需求製造泡沫、導致金融危機，卻是人得以生存、改造世界的最底層認知基礎。網際網路泡沫、太陽能產業泡沫加速了人類探索科技，外部資源充足時建立本國發展制度的優越性和合理性，也可視為近似自我肯定需求推動下的泡沫過程。自我肯定需求產生於人的認知，製造危機的同時，也傳播理念、凝聚人群力量，推動人類不斷探索未知。

第二部分 原罪或虛妄

第十章 泡沫與願景

第三部分
青萍之末

Before the Rise of Machines
從智人到 AlphaGo
機器崛起前傳，人工智慧的起點

為什麼只有人類演化出高等智慧？

很多人認為，直立行走是人類的決定性標識，但我們知道袋鼠，抑或一億多年前的霸王龍、迅猛龍等其他物種，早已直立行走，牠們卻沒有發展出高等智慧。也有人想過用性選擇（sex selection）回答這個問題，可它已經超出「物競天擇，適者生存」的範圍，將（雌性）動物的主觀偏好納入其中，而且性選擇並不是人類獨有的特徵。人類是唯一需要衣服來保持身體恆溫的生物，敏感的皮膚會不會就是人類演化出高等智慧的決定性因素呢？

第三部分 青萍之末
第十章 泡沫與願景

我們提出觸覺大腦假說，指出人在演化過程中由於基因突變，毛髮減少、皮膚變敏感，人體與外界有了明晰的物理邊界，也是人劃分「自我」和「外界」（原意識）的物理基礎。正是觸覺這種不可磨滅的印記，使人之所以為人，使人之所以為萬物之靈。

自人出生始，「自我意識」就在我們和世界有意無意的觸碰中發端。如風起於青萍之末，浪起於微瀾之間，「自我」微妙的發端使個體從誕生之時起就不斷探索，確證「自我」的存在。

雛鷹破殼而出，弱蛹破繭成蝶，生命在摸索中不斷打破「自我」的壁壘。從呱呱落地時起，世界就開始與我們建立千絲萬縷的連繫，我們以世界觀照自己，又憑藉自己的意志影響世界。最終，「自我意識」、「舞於松柏之下」、「翱翔於激水之上」，不斷創造生命的奇蹟。

Before the Rise of Machines
從智人到 AlphaGo
機器崛起前傳，人工智慧的起點

第十一章 為什麼是智人

　　成人的大腦約有一千億條神經元，相當於銀河系內的恆星數，有超過一百萬億個突觸，數據儲存量約為 1000TB，這對於現在的電腦來說仍是非常龐大的數字。但其實一開始在母體內時，嬰兒大腦內神經元之間的連接還很少（或很弱）。

　　嬰兒剛出生時的腦重量約為三百七十克，兩歲時，腦重約為出生時的三倍，三歲時就已經接近成人的腦重，大腦內突觸數量在人五歲時就已經達到頂峰。在這個階段，腦重隨著神經元間的連接大量增加，弱連接也得到了加強。

　　觀察身邊小孩的成長，或回想自己成長時朦朧的記憶，我們總會發現小孩子在爬上爬下，努力接觸一切他能接觸的東西，並用他那一雙澄澈的雙眸打量世界。

　　在這個階段，嬰兒真正脫離了母體環境，開始直接承受外界的強烈刺激，比如冷暖、疼痛等。以皮膚為邊界的觸覺系統，讓他清晰感受到「自我」的存在。比如，當他不小心碰到了桌子，會觀察到自己產生疼痛、不舒服的感覺，但桌子並沒有反應，而爸爸媽媽在旁邊也沒有什麼異樣。恰恰就是這些強烈刺激，促使嬰兒不斷確認「自我」的存在，並產生了「自我」與「外界」的劃分意識。

　　波特曼提出的「分娩困境」暗示：由於直立行走限制了母體骨盆的大小，嬰兒在大腦尚未發育完全時，就必須分娩，否則會因為腦部太大而無法順利通過產道；但如果沒有骨盆大小的限制，應該要等嬰兒發育出比較成熟的大腦再分娩，意味著母親應當有長達十八到二十個月的孕期。但我們認為，出生後大腦再發育

第三部分 青萍之末

第十一章 為什麼是智人

成熟，會更有利於嬰兒的未來發展，因為只有在感知世界的過程中建立大腦內神經元之間的連接，才能促使個體產生強烈的自我意識和卓越的智慧（見圖11-1），而早產兒的一些特徵值得我們關注。

圖11-1　隨著經驗累積，「自我」也在不斷成長

關於這個問題，我們還可以看看其他旁證。比如，已經有科學研究表明，烏鴉懂得使用工具，比雞鴨等禽鳥更加聰明，而這實際上與牠們破殼而出後迥異的成長方式有很大的關係。小雞剛破殼不久後，就會快速長出絨毛並獨立行走與進食；烏鴉剛出生時，沒有絨毛也沒有視力，無法離開鳥巢，需要母鳥餵養一個月左右才能獨立活動。恰恰是在這出生後的早期階段，烏鴉由於體徵敏感弱小，強烈感受到自身與外界的差異，因而能產生更強的自我意識，發展出更高的智慧。

如果我們認為，智慧和自我意識是演化而來，那麼演化本身是不是一定會產生高等智慧呢？

要回答這個問題，我們可以參考另一個物種——恐龍。恐龍最早出現在兩億三千萬年前的三疊紀，滅亡於六千五百萬年前的白堊紀晚期，在地球上生存了一億七千萬年，做為地球的霸主很長一段時間，而人類從智人至今不過七百萬年左右，也就是說，高等智慧其實是在幾百萬年內演化而來。雖然人類的歷史還不

Before the Rise of Machines
從智人到 AlphaGo
機器崛起前傳，人工智慧的起點

及恐龍的零頭，但沒有任何證據表明恐龍曾具有高等智慧。當然，恐龍體型龐大，是打獵好手，牠可能像老鷹一樣具有優越的視力，那麼這也說明：視覺發達並不能使之產生更高等的智慧（見圖 11-2）。

好智力 ≠ 好視力

圖 11-2　優越的視力並不意味著高等智慧

　　這也就意味著，人類的演化比我們想像的還要更難。需要夠敏感的皮膚，人才能生存，這是從演化而不是從個人發展的意義上來講，觸覺更重要。佛家說眼、耳、鼻、舌、身、意，「眼」擺在第一位，代表視覺，我們都覺得視覺很重要，但視覺其實是更晚期的演化產物。而且相比於觸覺，視覺和內分泌系統的關聯較小，因而不太容易使嬰兒劃分「自我」與「外界」。很多生物具有發達的視覺系統，卻沒有能與人類媲美的智慧，這可能就是因為視覺、嗅覺等刺激，不容易區分生物體所處的「自我」與「外界」。我們認為，觸覺有利於產生個體的感覺，這種感覺就像物理學中的「吸子」，一旦產生就不易消失，因而觸覺才是產生高等智慧更重要的因素。相對人類而言，恐龍皮糙肉厚，這可能就是恐龍未能發展出高等智慧的原因，由此看來，似乎不是在夠長的時間內單純依靠「物競天擇，適者生存」，就能演化出高等智慧。

　　在大腦快速發育的過程中，個體不僅要有清晰的邊界，還要能適應環境。因此，只有在特殊條件下的基因突變，才能誕生出高等智慧。宇宙中有高等智慧生

第三部分 青萍之末

第十一章 為什麼是智人

物的星球也因此可能非常稀少，費米悖論（闡述高估地外文明的存在性和缺少相關證據的矛盾）可以視為支持這一觀點的間接證據，從演化的角度來說，要產生高等智慧其實非常困難。

思想實驗

基於以上發現，我們完全可以設計出一系列的驗證實驗。例如選取繁殖週期較快的動物，如小白鼠等，分成幾組飼養研究，針對大腦發育關鍵期，對不同組設定不同的環境條件，培養幾代後，觀察其智力表現。

在目前所知的物理世界中，物體大小從以夸克相互作用為標誌的 10^{-19} 公尺量級，一直延伸至 10^{26} 公尺的宇宙邊際，而我們所知道的一切生命體都在一個相對窄小的區間：細菌和病毒可以小於一微米，也就是 10^{-6} 公尺，最高大的紅杉樹可以高達一百公尺，美國俄勒岡州藍山山脈下的蜜環菌大概有四公里寬。當我們討論已知的有知覺的生命時，牠們體積的區間就更小了，大約只占其中的三個數量級。

計算理論方面的進展表明，知覺和智慧可能需要 10^{15} 個原始的「電路」元件才能發展，如果生物電腦和人類大腦差不多大，也許就能發揮我們的能力。

假如能在人工智慧系統中，製造出比人類神經元更小的神經元，那麼這些神經元的行為也會更加簡單，並且需要大規模的結構（能源、散熱、內部通訊等）支持。因此第一批真正的人工智慧，很可能與人類的身體差不多大小，儘管它們本質上的材料結構與人類大腦不同。這又一次暗示了公尺級大小的特別之處，也側面說明了高等智慧必須在相對較大的尺度產生，因此量子效應與智慧的相關性十分有限。

如果具備智慧的生命體是在較大的尺度產生，這種尺度是否有上限？或者說，較小的數量級有智慧或生命嗎？柏洛茲（W. Burroughs）在他的小說 The Ticket that Exploded 中，想像在地表之下，生活著「一個接近絕對零度的巨大礦物質意識，透過生成晶體思考」；天文學家霍伊爾（F. Hoyle）則描述了一個有知覺的超智慧「黑雲」，大小和地日距離相當，黑雲之後又出現了「戴森球」

Before the Rise of Machines
從智人到 AlphaGo
機器崛起前傳，人工智慧的起點

的概念，為一種將恆星完全裹住，並捕捉它大部分能量的巨大結構。

這樣的生命形式究竟可以有多大？要產生思維不僅需要一個複雜的大腦，還需要充足的時間形成。神經傳遞的速度大約為每小時三百公里，意味著訊號貫穿人類大腦大約只有一毫秒，因此，人的一生大約會經歷兩萬億次的資訊貫穿。那麼，如果我們的大腦和神經元都放大十倍，而壽命和神經訊號的傳遞速率保持不變，我們一生就會減少產生十分之一的想法。

假如大腦變得巨大，比如說和太陽系一樣大，並以光速傳輸訊號，貫穿同樣數量的資訊所需要的時間，會比宇宙當前的年齡還長，而沒有為演化留下一點時間，問題就更嚴重了。因此，我們可以得出結論：很難想像存在和人類大腦複雜度相似、大小又在天文量級的類生命個體，就算牠們真的存在，實際上也沒有時間去實現任何事。

第三部分 青萍之末

第十二章 意識的起點

第十二章 意識的起點

我們將「原意識」定義為：對「自我」的直觀、對「外界」的直觀，以及將宇宙劃分成「自我」與「外界」這一簡單模型的直觀。

這裡的「直觀」，可以理解為 qualia（可感受的特質，單數形式 quale）。人能夠形成紅色的概念，封裝很多波長不同紅色，認為那些顏色就是「紅」。顏色是簡單的特質，在複雜的客觀世界面前，人受能力局限，卻又得益於這種局限，會建立最原始、本源的模型去感知那些特質，形成概念化封裝、認知。這個最原始、本源的模型，就來自「自我」與「外界」直觀的原意識劃分。

生命個體對光線明暗／顏色的感知能力，由該個體的基因所決定，但人對於明暗／顏色的直觀／qualia 是後天在大腦中形成。世界上可供感受的特質有很多，但可被感受的特質確實很有限。凱和麥克丹尼爾的研究，總結出各種顏色如何出現在我們的語言表達中，發現：如果只有兩種色，一定只與黑和白有關；如果有三種色，一定是黑、白、紅；假如有五種，一定是黑、白、紅、黃、綠。說明人是從最簡單的黑白分化開始，產生強烈的顏色概念，這也給了我們一個線索，來理解人是如何認識世界。

認識的起源就是一個簡單的劃分，而劃分的原型就是「自我」和「外界」，如「陰陽」「上下」等概念，都是從「自我」和「外界」類似的劃分迭代出來，而在劃分之後，具體的內容有待填充。這個填充過程是依賴於「自我」像生命一

Before the Rise of Machines
從智人到 AlphaGo
機器崛起前傳，人工智慧的起點

樣成長，而成長過程又與「自我肯定需求」緊密相連，這樣就構成了一個整體。觸覺大腦假說指明了如何產生意識初期，它不同於神創論或者外星人點撥的想法，認為人類在演化過程中，會產生出自我意識。

　　人有了對「自我」和「外界」的區分後，自然也就明白了何為「自我」，何為「非我」，即人關於「自我」和「非我」的概念對（pair）隨之產生。有了這種概念對的原型，很多複雜的感知就可以封裝成概念對，比如「上」和「下」、「黑」和「白」，以及「這裡」和「那裡」等等。建立概念是人類智慧的突出表現，概念形成的初級狀態，是用來指稱某種差異性，或者說是一種粗略的分類，概念的對立性也是從這一初級狀態發展而來，而人最底層、最基本的差異性認知，即來自對「自我」和「外部」的劃分。「上」和「下」這樣的概念對就是在這一層面，與人認知底層的「自我」和「外部」的概念對，本質上是同構、類比。

　　也正因為如此，概念可能一開始非常模糊，在不斷（群體以及代際之間）迭代後才會更加明晰。例如，對嬰兒而言，一開始他只能區分能吃的（如蘋果和柳橙）和不能吃的（如塑膠玩具），這時對他而言，蘋果和柳橙可能同一；但隨著經驗累積或者父母指導，他能透過味道、形狀或顏色等，區分蘋果和柳橙，那麼這一階段，即便兩顆蘋果是兩個單獨的個體，嬰兒仍能將它們歸為同一類；再到後來，給他兩顆味道一樣的蘋果，嬰兒還是能判斷是兩顆不同的蘋果。有了對「同一性」的認知，對立面的「差異性」就有可能更清晰，這就是同一性和差異性的反覆迭代，概念的演化、人的認知演化過程也是如此發展而來。

　　也正是這樣一個不斷迭代的過程，生活中許多概念不斷地清晰和細化後會越來越模糊。比如，先有「黑」和「白」的區分，人們才會感知「灰」，然後才有了「深灰色」和「淺灰色」等概念；先有「明亮」和「黑暗」的認知，才會有「灰暗」的概念，繼而衍生出了一系列意思相近的「昏暗」、「晦暗」等詞語。

　　皮膚這一明晰的物理邊界，使人類對「自我」和「外界」的劃分非常確定，並能夠毫不費力地辨別「自我」與「外界」，這有助於將「原意識」的直觀傳遞給他人。

　　原意識定義的劃分確定且恆真，但「自我」與「外界」的邊界則不清晰。皮

第三部分 青萍之末
第十二章 意識的起點

膚是「自我」與「外界」最初的邊界,但這一邊界不會一直停留在皮膚層次,而既可以向外擴張,也可以向內收縮,正因為如此,原意識難以被發現。自我意識不是一個先驗的存在,而是大自然的巔峰之作。

原意識最早期的延伸就是食物。比如,人拿著果子,就會認為果子是自己的,不希望被他人奪走;下一階段就是領地意識,不僅手中的果子是自己的,這棵樹上所有果子也都是自己的,而不希望他人來採摘。動物不希望別的動物喝河裡的水,因為牠覺得河水應該是只屬於自己的。工具是手的延伸,家庭是個人的延伸,新聞媒體是人類的延伸,這種認定身體之外的自然物屬於「我」的傾向,可以稱為「自我肯定認知」,如領地意識等,就是自我意識邊界向外擴張的體現。

當我們講到「自我」的時候,其實指代的是內心,這就是一種收縮的表現。我們常常認為,「內心」比起皮膚或四肢,更能夠代表「自我」。這裡「我」指的是心靈,而非身體,當「自我」的邊界經常變化並變得模糊時,「自我」這個概念也就可以脫離物理和現實的束縛存在,而人的自我意識一旦脫離物理邊界存在,就為「自由意志」或是「主觀能動性」留下空間。例如,一個人開了公司,於他而言,公司就是其自我意識邊界的延伸,由此而來廣義上的邊界,就被我們稱為「認知膜」,或是所謂的價值體系。

圖 12-1　「自我」可以延伸到占有的物品上

思想實驗

如果讓領地意識很強和很弱的動物做記號、照鏡子,領地意識強的動物可能很容易就會產生自我意識,這可以透過實驗驗證。

Before the Rise of Machines
從智人到 AlphaGo
機器崛起前傳，人工智慧的起點

　　明斯基認為，意識是一個「手提箱」式的詞語，用來表示不同的精神活動，如同將大腦中不同部位、不同進度的所有產物，都裝進同一個手提箱，而精神活動並沒有單一的起因，因此意識很難釐清。我們認為，把世界劃分並封裝（encapsulate）成「自我」與「外界」是革命性的，它使複雜的物理世界能夠被理解（comprehensible），被封裝的「自我」可以容納不由物理世界決定的內容，想像力和自由意志（主觀能動性）也因此成為可能。

　　我們認為，人類和機器很大的差異，在於是否具有「直覺」。想要使機器具備人類智慧，首先就要探究人類的直覺是從何而來？相比之下，直覺本身並不是很難理解，由直覺開始，我們進而劃分了「自我」與「外界」，並定義為「原意識」。潘洛斯也使用了「原意識」的概念，他和合作者認為，細胞裡的微管能容許量子效應，其他結構則容易去相干，無法允許量子效應。由於每個粒子和重力波有原意識（與我們的定義不同），疊加起來，人就具有了意識。

　　但是我們認為這個解釋過於間接，而且到目前為止，其實並沒有更進一步的理論支持原意識到底是什麼。我們認為：人類並不需要到粒子層面或量子效應才能理解意識，有兩個例證能說明，意識與量子效應的關係並沒有那麼緊密。第一個是粒子的纏結，這與意識的特點可以說相違背，因為纏結越強，粒子越不可能產生獨立性，而沒有獨立性就不能產生自我意識。量子效應很可能是在生命早期的演化發揮作用，比如產生細胞等，但目前還不清楚；第二個是因為人體相對粒子是宏觀的，如果意識與量子效應關聯密切，那麼應該在更微觀的尺度上就能觀測到自我意識。

第三部分 青萍之末

第十三章 自我意識與高等智慧

第十三章 自我意識與高等智慧

在人類演化的過程中，我們還沒有發現比「演化論」更合理的解釋。即便有人認為是上帝創造了整個世界，也因其太過久遠而無從考證。物質世界產生生命，而生命最重要的特徵就是記憶。在最初的複雜系統中，一定有一個週期或準週期的外力推動或刺激，作為產生記憶的動力。比如火山噴發週期中，周圍環境的酸鹼度變化，再比如日升月降、晝夜交替的變化等，應該是有一種較為頻繁、準週期的外力作用，形成生命的初級形態和最初記憶。沒有記憶就沒有生命，DNA 的本質就是一種記憶，而記憶的產生更是一個謎。這個謎的答案可能與物理世界的領域相關，但無論如何，記憶都是生命與智力的產生過程中不可或缺的一個環節。

原意識是人類認知結構的開端。當概念體系、信念體系和價值體系（認知膜）逐漸從原意識中衍生後，「自我」和「外界」的邊界逐漸模糊。「自我」更像一個生命體，需要不斷補充養分，滿足自我肯定需求使生命得以維繫，從而確立一種「實存」。

為何命名為「認知膜」而不是「認知空間」呢？認知膜是借鑑細胞膜提出的一個概念，為了能夠從整體視角分析問題，理解國家的興衰，就必須引進認知膜的概念。認知膜像細胞膜一樣，保護內在的空間，吸收養分以滋養內在，在承受外界壓力時，也能夠維護自我的穩定。「核」可以理解為「自我」，但「自我」到底是什麼呢？可以有兩種理解方式：一種是所有感覺系統指向的、觸碰不到的

Before the Rise of Machines
從智人到 AlphaGo
機器崛起前傳，人工智慧的起點

那個頂點；另一種理解是自我就是認知膜本身，實際上可以沒有核。「膜」重要的功能就是保護自我認知的存在，透過不斷刺激外界、匯合認知膜，就能確認「自我」的「實存」，一個難以被懷疑的存在。

在個體生命的開端，認知膜可以簡單地理解為皮膚。在這個階段，個體幾乎沒有對「自我」的意識，需要透過皮膚的觸感，過濾「外界」對「自我」的刺激，逐漸感知並確認認識自身的獨立性，產生「自我」與「外界」的觀念，即形成原意識。

「自我」與「外界」的劃分一旦出現，認知膜就會快速生長，所包含的內容就不再只是皮膚這一物理邊界。雖然皮膚作為「自我」和「外界」的物理邊界很清晰，但「自我」和「外界」的邊界不會一直停留在皮膚這一層次，而會向外延伸，逐漸變得不清晰：對外界的認知不清晰，對自己的認知不清晰，兩者的邊界也不清晰。但即使不清晰，兩者的劃分也恆真，也正是這個劃分，讓人們首先確立了一個區分「自我」和「外界」的意識，進而演化為「自我」與「外界」的觀念。隨著「自我」與「外界」的邊界發生變化，向外延伸抑或向內收縮，由此產生的彈性空間的內容都屬於認知膜的一部分。在某些情況下，認知膜也可以看作「自我」。對每個人而言，有不斷的刺激讓我們感受，不斷豐富自我意識，也加深我們對外界的認識。

自我意識可以說是一種幻覺。對人類而言，「自我」一開始的確就是各種感覺的綜合。因為這種劃分是所有邏輯的起點，所以正是在人有了原意識、能夠劃分出「自我」與「外界」時候，才有可能認識世界。在觸覺大腦的假說理論中，我們不再需要任何神祕的、先驗的因素，幫助我們理解人類智慧。正由於在人類大腦快速發育的階段，皮膚有敏感的觸覺，刺激我們產生了關於「我」的幻覺，隨著刺激加強、感覺不斷深化，最終「自我」就成了「實質」的存在，在這種「實存」的基礎之上，才有可能討論「靈魂」、「精神」等問題。

我們嘗試用一個簡單的假說，來統一解釋一些看似衝突或離散的現象，這正是運用物理學家從第一原理出發的成功經驗，用盡量少的概念，從底層來闡述這個理論。這幾個概念本質上是在一個簡要的切入點上的共核概念體系，從不同的

第三部分 青萍之末
第十三章 自我意識與高等智慧

層次解構人類智慧,揭示自我認知在不同維度的表現形式,形成一個統一且一致的解釋框架。

哺乳動物有一套完整的感覺系統,基因突變使毛髮減少、皮膚變敏感,為人體與外界提供了明晰的物理邊界,也為人對於「自我」和「外界」的劃分(原意識)提供了物理基礎。隨著大腦快速發育、神經元不斷建立和強化連接,這種關於「自我」和「外界」的劃分,演變成自我和世界的觀念,形成強烈的自我意識,才能進一步探尋「自我」和「外界」的關係,進而產生高等智慧,整個演化過程我們定義為「觸覺大腦假說」,如圖 13-1 所示。

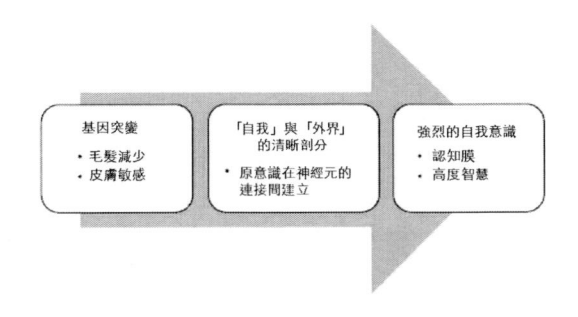

圖 13-1　觸覺大腦假說

如表 13-1 所示,觸覺大腦假說,為觸覺區分「自我」與「外界」提供了物理基礎,因而在人類的智慧演化過程中有著特殊地位。原意識是個體認知的起點,是關於「自我」與「外界」的劃分這一認知原型的直觀,能夠透過代際傳承。認知膜包含了人的概念體系、價值體系和信念體系,個體認知不斷深化,認知膜不斷擴張,為「自我」的成長提供保護。

表 13-1　觸覺大腦假說及相關概念的主要內容及對象

	內　容	對　象
觸覺大腦假說	自我與外界的區分 (觸覺的特殊地位)	生物認識能力的演化
原意識	對自我／世界／模型的直觀	代際之間的傳承／演化
認識膜	概念／價值／信念體系	個體認知的深化

Before the Rise of Machines
從智人到 AlphaGo
機器崛起前傳，人工智慧的起點

　　觸覺大腦假說是指，基因突變使人能對外界刺激產生反應，形成「自我」與「外界」的強烈劃分，可以在代際之間傳承，還可以在同類之間傳遞。「自我」與「外界」的邊界，一開始可能和皮膚有關係，但隨著經驗增多，邊界可能會變得模糊，這也是為什麼它很晚才被發現。

　　我們討論的這些概念，並不是像西方所說的有一個先驗的東西存在，而是原意識在發揮作用。觸覺大腦假說更強調「自我」和「外界」的區分，更側重於演化，而認知膜更注重整個概念體系，當然它也是不斷演化，最初也是經過皮膚這一物理邊界為起點，不斷演化成概念以及對世界的理解等等。人與人之間能夠交流、人類能夠發現宇宙中那麼多規律性的東西，都是源自一開始最簡單的「自我」與「外界」的劃分。

　　觸覺大腦假說，也可以說明人類對認知、倫理的理解，與兩千年前並沒有太大差異，就是因為人類對「自我」與「外界」的劃分是同一的，只是在具體情形下賦予具體的內容，因此即便其中有細微差異，但整體框架很難被打破。這也並不是說框架都絕對是好的，比如陰陽的框架、正負電荷之分，但目前為止我們只知道正質量，而未發現負質量。如此，在一些框架不適用的情況下，我們應該找到新的、更全面的框架來解釋問題。

　　回到生命本身，很多人就會有這樣的疑問：生命的智慧到底從何而來？實際上就是從原意識、從區分「自我」與「外界」開始。因為這種區分的基礎，就在於身體和外界之間有一道明晰的物理邊界——皮膚，所以在人類智慧的演化中，觸覺比視覺更加重要，但皮膚敏感並不是高等智慧形成的充分條件。

　　我們試圖從敏感觸覺——「自我」與「外界」劃分的原意識——認知膜這個統一的框架，回答複雜的問題，皮膚的敏感觸覺是整個邏輯鏈的原點（科學發現，尤其是物理學的重要發現，也並不完全是邏輯推導的結果）。誠然，「人類敏感皮膚是智慧形成關鍵」的這一判斷，還有待文中所提的實驗，和人類演化的事實來支持。但就這一猜想本身，從「自我」與「外部」劃分而發散、衍生出的人類智慧，最初的原點只能是來自區分「自我」與「外界」的媒介——敏感的皮膚，因而觸覺大腦假說，實際上是一個必然的結論。

第三部分 青萍之末
第十三章 自我意識與高等智慧

亞里斯多德也曾從事解剖學，他有一個失誤，就是將神經纖維束與肌腱混為一談，使他將感覺機能歸於心臟。而這個錯誤，要直到約五百年後人們發現神經網路後，才得以糾正。而在中國、印度等古文明國度探索生命奧祕時，也都犯了亞里斯多德這一錯誤。

即便今天，我們還在沿用「心靈」、「心中所想」等詞語，說明人類學習知識的重要方式之一就是觀察。雖然在當時的情形下，人類受限於認知範圍與科技水準，所觀察、理解到的事物趨於表面，但人們仍然會去嘗試、猜測並不斷摸索。我們容易感受到心臟跳動等反應，卻很難察覺腦部活動，所以當時人們傾向於將直覺歸結於心臟而非大腦。直到後來「意」、「識」出現，人們才將這一切活動逐漸歸之大腦，反映出人的認識是逐漸發展而來。在完全認清一件事物之前，人會猜測各種可能性，也許會像亞里斯多德那樣猜錯，但這並不影響人們繼續認識事物。即便當時的人類認為，感覺機能源於心臟，還是能發展出「靈魂」等概念。

康納曼在《快思慢想》中，將人認知快的部分稱為 System1（系統 1），這一部分與人的直覺相關。人在區分自己與外界的時候是一個二元的系統，但產生的神經細胞卻能夠站在第三方思考（Mirror Neurons），而這一切的開端就是區分自己與外界這麼一個簡單的二元體系，再開始站在第三方思考，逐漸認識這個世界。兒童看電影總是以好人、壞人描述，形容詞基本上都有反義詞，這些都是二元體系的表現。System2（系統 2）是推理與邏輯的部分，也是較慢的部分，實際上，System1 的部分內容隨著時間推移，可以轉換成 System2 並儲存，這些電腦完全可以模擬，System1 的部分則否。

索羅斯（George Soros）師從波普爾（Karl Popper），提出了兩個基本原則：一個是易錯性原則；另一個便是反身性原則。易錯性原則強調，事件參與者對於世界的看法具有片面性；反身性原則上承易錯性原則，強調錯誤的觀點會導致不當行動，從而影響事件本身。同時，索羅斯也承認大腦的結構是易錯性的另一個來源。索羅斯的觀點被廣泛用於金融市場，但並沒有過多涉及人類認知的領域，因而也沒有在人類層面上深入追溯前因後果。

我們認為，基於觸覺大腦假說，「易錯性」客觀存在，一方面是自我肯定需

Before the Rise of Machines
從智人到 AlphaGo
機器崛起前傳，人工智慧的起點

求的存在，使人在面對光怪陸離的世界時，會主動選擇肯定自己。因此在認知膜中會形成相應的觀點，而觀點形成不一定是為了追求客觀或接近真理，而是為了強大內心；另一方面，大腦思維的躍遷性，使人能夠聯想到各式各樣的觀點。雖然因為認知膜的存在，各種觀點被選擇接受的可能性不同，但也沒人能夠保證自己的選擇完全正確。而就反身性而言，我們的理論認為這是一種動態的迭代作用，認知膜的存在會影響人的行動，而行動的結果又會反過來影響認知膜的結構，這本質上還是「自我」和「外界」這一基本劃分的迭代。

索羅斯在這兩個基本原則的基礎上，還得出了不確定性原理，以解釋意圖、行動以及行動和結果之間的某種必然偏差。這種不確定性的存在，本質上還是由「自我」和「外界」的迭代所決定。思維的躍遷性讓人想到了事件的各種可能，這些聯想影響了人的行動，行動改變了事件的走向，而事件最終又會反作用於人的認知膜。思維躍遷的存在，使人能夠預見到未來的各種不確定性，自我肯定需求的驅動則使人會根據預測，做出滿足自我肯定需求的行為。伴隨整個事件的發展，這些行為就體現在修正事件走向，而不確定性也就伴隨著人為的修正而產生了。

東西方養育方式的不同也造成了文化的差異。在東方，嬰兒受到照顧的時間更長，基本上父母會全天候的陪伴，也讓父母內心更有安全感；相比之下，西方國家的嬰孩較早斷奶，睡覺也與父母分開，的確讓培養出來的孩子更有獨立性，但也使他們的內心底層缺乏安全感。安全感對文化而言很重要，東方人很少相信一切事物都需要終極主宰，因為我們相信自己能完成、掌控；但西方人必須有信仰才能好好生存。

猶太人在這一點上表現尤為明顯。他們創立了一神教（得以依賴的最終的那一點，這是較為鬆散的多神教所無法給予的），以慰藉心靈，抵抗極度惡劣的生存環境。雖然從猶太教中誕生了基督教和伊斯蘭教，可是猶太教一直都是作為一個民族宗教而存在，且不允許非猶太人入教，這也反映了猶太人信仰的虔誠。一神教的出現，奠定了現代科學的基礎，西方人相信，現象背後一定有一個終極原因，而不是一堆複雜的因素，因此會刨根問底。

第三部分 青萍之末
第十三章 自我意識與高等智慧

不僅是人類，任何生命體都有一定的自我意識，只不過這些自我意識有明顯的強弱之分，有的生命體的自我的意識十分原粗，而人類由於自身的生理條件與生長環境，形成了很強烈的自我意識。這種意識引導人類從主觀上區分混沌的世界，首先就是劃分「自我」與「外界」，可以視為是 self 和 otherness，但對於「自我」之中的具體內容，彼時還不清楚，需要不斷與「外界」交互、不斷增加經驗後，才能夠逐漸豐富「自我」與「外界」的認識。這更像是一個生長過程，而非單純的累積過程。與電腦不同，機器的「意識」有規則且不斷累積，人類的意識則是不斷生長和理解的過程，試圖讓經驗變成有機整體。就像孩子背書一樣，死記硬背效果不大，而必須理解內容，才能真正變成自我意識的一部分。

「自我」像是一個生命體，需要成長，但並不是說不需要外界的因素就可以完成。比如牛頓時期，大家認為生命需要能量來維持；到了薛丁格時期，提出需要負熵才能維持生命系統。薛丁格也在《生命是什麼》中，提出了一種準週期結構，這一結構後來被證明是 DNA 的雛形，是遺傳訊息的載體。我們認為，「自我」的成長需要某種補充，這種補充比較抽象，我們定義為「自我肯定需求」，這種需求使「自我」與「外界」交互時，得到一個主觀上比較滿意的回報，比如較高的評價或者較高的酬勞，如此，「自我肯定需求」就得到滿足，有利於「自我」的成長。

自我肯定需求與認知膜的存在，使人不斷地求知、求真，確立「自我」的「實存」，精神貴族則能使自我肯定需求不斷被適當滿足，以自如應對「外界」。「自我」的延伸或成長，不僅僅局限在物理空間的維度上。「內心」的「強大」，實際上是「自我」的「圓融」，亦即當個體的自我肯定需求被滿足後，就能以「融會貫通」應對「外界」，「自我」越來越強大，能夠包含的內容也就越來越多，成長到一定階段，就可能達到一種超脫的狀態，實現所謂「從心所欲不踰矩」，即使受到在物理世界規律的約束，依然能夠按照自己的意志行動，從「必然王國」走向「自由王國」。而教育的理想，正是幫助每一位學習者培養獨特的科學思維，讓他們以自己的方式「圓融」生命，最終成為真正的精神貴族。胡適曾言：「怕什麼真理無窮，進一寸有進一寸的歡喜。」一次次探索後，是個體對「自我」的

Before the Rise of Machines
從智人到 AlphaGo
機器崛起前傳，人工智慧的起點

確信，也是「自我」的更加圓融，人類智慧也正是在這一次次的探索中前進，最終成為「萬物之靈」。

從物理角度看，人依舊是一堆原子分子，但物理方程式不能描述自我意識。在自我肯定需求的理論框架下，自我意識作為最核心的概念，成為智慧的出發點。有意識的個體都有資格成為宇宙演化中重要的參與者。因為有自由意志，能決定行動，會實實在在影響物理世界，並且能夠不停強化自我意識，驅使我們做更多，內心也就更強大，並尋求機會表現自己，這就是一個正反饋。

前文已經提到，自由意志正是以鞍點為切入點，進入物理世界。在鞍點的位置上，我們只要花費極少的能量，就能產生非常不同的結果（比如靜止在山頂的石球，只需輕輕一推就可以決定向左或向右滾落）。人與世界交互的過程中有非常多鞍點，所有具備自我意識的生命個體都可以選擇。我們不僅能在當下選擇，而且能吸取過去的經驗教訓，並對未來抱有期望，選擇更有利於實現期望的做法。在這種意義上，人類的自我意識就可以穿越時空。在宇宙大霹靂的最初階段，基本粒子相互糾纏，彼此之間不太可能有獨立性，因而不會有自我意識；只有宇宙成長到一定階段，粒子之間才會有較強的獨立性（去相干），進而產生星體等獨立個體，再經過漫長的演化後，產生出生命個體。生命個體首先要有獨立性，才會有自我意識、有自由意志，有行動和後果，這一現象非常有趣。

自我意識會隨著生命體成長而發展。在哲學上有一個「忒修斯之船」：假如換掉一艘船的釘子、木板，即使零件已與原來完全不同，我們卻會認為還是同一條船，這就是作為整體的重要性。組成人體的分子原子，大約每二十年就會完全換新，但我們都會同意「我」還是那個「我」，因為「我」具有一致性和延續性。很多人認為，我們死後，「自我」就不復存在；但其實人演化到一定程度後，「自我」的概念不斷被放大，「自我」和「外界」的邊界早已不局限於皮膚，可以向外延伸到理念，可能是寫過的書、提出的理論，也可能是給學生、徒弟的傳承，又或者對這個社會的貢獻等等。因此，即使身體死亡，「自我」並沒有隨之消失。

死亡是生命現象中最偉大的發明，它使我們不會束縛於肉體，我們做過什麼、對宇宙演化有什麼影響，這才更為重要。人對永恆有很多想法與嘗試，像一名植

第三部分 青萍之末
第十三章 自我意識與高等智慧

物人單純靠醫學手段維持生命,這難道不是死亡?這真的是我們所追求的永恆嗎?假使一個人真的活了一萬年,歷盡滄海桑田,自我肯定需求早已滿足,那生命繼續下去又有什麼意義呢?未來醫學必然會持續發展,人類的壽命也將逐漸延長,比如我們可以換掉衰老的器官,更甚者可以將自我意識放在機器上,這都有可能。但所有這些方式,從自我肯定需求的意義上來講,僅僅維持「活著」這種狀態其實毫無意義,甚至是一種負擔。當一個人厭倦一切,對所有事物不再興奮,死亡可能是最好的安排。人的自由意志在世間走了一遭,對外界造成一些改變,這才是最重要的。

每個人有自我意識,而一個族群則具備這一群體整體的自我意識,並代際傳遞,文化就是族群自我意識的一種載體。不同族群之間的自我意識也能相互影響,「姹紫嫣紅」、「夜鶯鳴唱」,生命演化出美感,被詩人捕捉到作品中,豐富了人類的自我意識。我們相信,人類的自我意識可以傳遞給馴養的動物。而未來人類面臨的挑戰在於:如何將人類的自我意識傳遞給機器,以便與機器和平共處。作為對比,道金斯寫了一本書叫《自私的基因》,認為基因不是生物體的一部分零件,而是生物體的主人,基因帶有一個目的,就是盡可能複製自身,從一個生物體轉移到另一個生物體,不朽而永生。道金斯還提出,意識是基因自組織、自演化的副產品,是這個宇宙最珍貴、稀缺,幾乎不可能產生的特殊存在。道金斯的理論為很多無神論者所推崇,但其實他沒有解釋基因的目的性又是從何而來。

Before the Rise of Machines
從智人到 AlphaGo
機器崛起前傳，人工智慧的起點

第十四章 理解何以成為可能

愛因斯坦說：「世界上最不可思議的事情，就是這個世界是可以思議的。」

柏拉圖堅信「理念世界」的存在。

康德認為，將經驗轉化為知識的理性（即「範疇」）是人的本能，沒有這個本能，我們就無法理解世界。

圖 14-1　充滿創造力的愛因斯坦

第三部分 青萍之末
第十四章 理解何以成為可能

人類與宇宙同源，這為人類理解世界提供了客觀基礎。我們說兩者同源，主要有兩點：外部世界的同一性，即每個個體雖然生長的起點不一樣，但隨著認知深化、個體發展，最終會發現他們面對的外部世界一樣；內部構造的同一性，即不同的人之間，有99%以上的基因都完全相同，生物結構大部分也都一致。

理解是一個相對的概念，理解可以視為認知膜融合的過程。比如當讀者閱讀理解一篇文章的時候，讀者既有的認知膜A與文章的知識結構B相融合，以A為主，將B融合到A中，豐富、更新讀者的認知膜。結合自身的認知膜，人類理解可以分為兩個維度，既可以朝簡單的方向發展，也可以朝複雜的方向發展，先將書本由厚讀到薄（提取大綱，掌握核心要義），再由薄讀到厚（透過要點結合自己的理解，再詳細展開），對應的就是兩種理解維度。目前，機器就不具有認知膜或知識結構，只能單純地讀取和計算，而這種知識結構和人類大腦的理解同構。

傳統上認為，人的理解存在「模糊」性，是不精確的；但事實上，要完全精準反而不可能，模糊與偏差的普遍存在，只是因為不同人的注意力焦點不一樣罷了。對於焦點的內容，人可以按照自己的認識，區分得非常清楚；但其他被主觀認為不重要的部分，就會被模糊化處理。

人類認知的另一傾向，是誇大或極端化。不同人對同一對象的理解多種多樣，我們已經知道，這和理解主體的認知膜有關係，因此不存在完全客觀的理解。推動人理解方向和深度的背後動力，是自我肯定的需求，自己的心理狀態反映於理解的對象。一開始理解主體的心理狀態，可能是一個「黑盒子」，只有理解不同對象，才能逐漸反映出主體心理狀態；或者可以說，主體理解所有對象的總和，就是其心理狀態。比如理解某些文章，就反映出我們的心理狀態，這種理解在已有認知影響下的主觀解讀，不是全面、客觀的資訊擷取。

在此基礎上，可以透過理解文章的結構，定義主體的心理狀態，這就好比我們定義認知膜，就是透過觀察主體如何看待外界一樣。

Before the Rise of Machines
從智人到 AlphaGo
機器崛起前傳，人工智慧的起點

思想實驗

可以透過程式模擬一些簡單、適當複雜的例子，建議採用簡單的樹狀[11]或圖展示內容的知識結構，以及人類認知膜的部分知識結構，使電腦能初步了解人類的理解過程。

我們在前文討論過「概念」的內容，實際上每一概念可以對應到知識結構中的一個結點，且概念之間也有重合的地方，因而它們的座標不是垂直，彼此也不是完全獨立，而是相互關聯，在整個結構框架中就會涉及一些度量問題。寫作就像是將一棵小樹（或者一張簡單的圖）豐富成一棵大樹（或者一張複雜的圖），總結的過程則恰好相反。

人與人之間溝通的過程，可以理解為各自認知膜接觸作用的過程。在與他人認知膜交互的過程中會交換資訊，自身的認知膜在吸收、過濾了新內容後，很可能會發生局部變化。有意思的地方也在於，每個人的認知膜都不盡相同，加之認知主體會受到主觀和資訊處理能力的限制，其認知不會、也不可能是完整的，認知膜也有可能完全無法融合，表現為不理解，甚至矛盾衝突。真正徹底的理解，應該是完全融合多個理解對象，但實際上我們只能部分融合，或無法融合，這依然可以被視為一種理解。大部分人能夠處理的認知結構，往往只有代表性的幾種類型，表現出來的內容，常常是比較容易引起共鳴、或者容易讓人欣賞的對象。

雖然理解的結構，從整個框架看來很複雜，但對於人而言又可以很簡單。我們在理解結構的度量方式上，使用相對度量、能夠比較就足夠了，因為最終判斷需要額外的資訊，也說明人類的理解機制是開放的，與外界息息相關。這種開放性就和圖靈機的機制非常不同：圖靈機是一個封閉的環境，需要提供各個條件或規則，而人類的理解則是不確定、不完整的，當外界因素（比如有待理解的對象）發生變化時，內部（認知膜）也在改變。理解的分層結構框架是有機、動態的，但不是隨意，它始終有一個核心，就是自我肯定需求。在任一狀態下，圍繞自我肯定需求的內核是確定的，但整體又不會一成不變，因為它可能會隨著外界變化。

---

11 這裡的樹即樹狀圖，是一種數據結構，它是由 n(n ≥ 1) 個有限節點組成一個具有層次關係的集合。把它叫做「樹」是因為它看起來像一棵倒掛的樹，也就是說它根朝上，而葉朝下。

第三部分 青萍之末
第十四章 理解何以成為可能

除了受外界影響，確定的內核又會反過來影響外界，因為它會促使主體向外界施加能夠反應內核的行為，從而影響整個系統，也就是說，個體可能影響整個系統演化，哪怕只是從一個點出發。因此，系統的演化也是不確定的，而且有很多可能的方向。

人的複雜性，還在於會在自我肯定需求上，加諸未來的判斷和期望。自我肯定需求要透過比較，判斷是否已適當滿足，如果當前我們能夠預計，自我肯定需求在未來的某個時間內會得到極大的滿足，那麼即使現在所得沒有想像的多，也可以接受；同時，我們由於相信能達到未來的期望，會有意無意朝那個方向努力，在這個過程中，自我肯定需求就在逐漸被滿足，並且也會根據我們努力的成績和對未來的再判斷調整，目的就是能夠滿足自我肯定需求，維持並促進「自我」成長。

我們可以透過一個語言的例子，解釋這個理解框架：比如元曲作家馬致遠創作的小令〈天淨沙・秋思〉中的一句「小橋流水人家」，我們讀這個句子，就能感受到強烈的畫面感，能自動想像出「小橋下，流水潺潺，旁邊有幾戶人家」的情景，句中只包含了三個詞，但這三個詞語正是想要表達內容的關鍵詞，可以視為圖的結點，而不同的讀者對於這張圖，也可以有不同的解讀，也就是與把自己的認知結構融合再重組的過程。這首小令原本表達的是旅人淒苦的心境，但讀者根據自身的情況，也可以有其他的理解，比如嫻靜淡泊或孤寂悵然（見圖 14-2）。

透過生理上的刺激，能得到最根本的意識，比如疼痛感等，透過觸覺過濾得到的感覺，就像意識結構裡的根基，然後逐漸豐富，才形成意識結構的結點和網路。在語言中，有很多概念其實都能夠與生理感覺對應，再透過迭代演化不斷延伸。比如「痛心疾首」[12]，字面的意思就是心痛，頭也痛，但實際上是用這種痛的感覺，表達極其怨恨的心情。

12　語出《左傳・成公十三年》：「諸侯備聞此言，斯是用痛心疾首，匿就寡人。」

Before the Rise of Machines
從智人到 AlphaGo
機器崛起前傳，人工智慧的起點

古道西風瘦馬，夕陽西下，斷腸人在天涯

圖 14-2　《天淨沙·秋思》的意境

　　人對某一個對象的理解，從簡單到複雜，可能有多種版本。從不同視角出發的理解，也可能是相對孤立、完全不交叉的圖或樹；但隨著理解加深、結構逐漸豐富，兩個原本獨立的結構，可能在某些結點連接。比如唯心主義與唯物主義、形而上與形而下等，剛開始彼此認為與對方毫不相干，甚至對立；但隨著理論發展，卻發現兩者在某些方面如出一轍。人的理解結構可以是複雜、不相連的，而我們需要簡化結構，形成一棵樹或簡單的圖，使電腦能理解人類思維。

思想實驗

　　圖靈機沒有「自我」意識，也就是沒有認知膜，也沒有初始的認知結構，想幫助機器形成「自我」的觀念，就要讓機器建立起基本的認知結構，為形成認知膜奠定基礎，才能將這一認知結構與其他數據連結，使機器逐漸形成自我意識。

　　我們現在定義的「理解」，需要建立在特定的主體和特定背景之上，不同人

第三部分 青萍之末

第十四章 理解何以成為可能

或者同一人，在不同時期對某一客體的理解，其表達形式也很可能不同。而「理解」真正的含義，就像是「概念」一樣，無法說明得一清二楚，比如以前分析過的「白色」和「馬」等，即便是非常簡單的概念，每個人的理解也不會完全一致，更不用提一篇文章、一部小說或是更加豐富的內容了。

雖然語言體系非常複雜，但我們還是認為，語言的本質並不是文法，而是「自我」、「外界」與兩者之間的關係表達，在此基礎上形成各種變化（省略、倒裝等），加上語氣詞和標點符號，逐漸形成了我們現在所使用的豐富語言體系。

思想實驗

如果能將現有的中文語彙分類，形成不同主題的詞庫，現代文的詞庫和古漢語的詞庫應該有對應關係，而且很可能是多對多的關係，這就可能反映出人類思維躍遷的軌跡。

有人認為，人是基於語言在思考，但思考的方式其實不僅限於此，我們還可以透過圖像、代數幾何等來思考。在這些思考方式的背後，一定有我們想表達的意思，這種意思更重視關聯，而將意思轉化成語言就需要序列化、邏輯化的處理。比如想到「紐約」和「飛機」，最後語言表達出來可能就是「我要搭飛機去紐約」。

語言表達多是線性邏輯，但人的思考並不一定遵從線性，這一特點非常重要。比如在對話中，我們聽懂了一句話，並不代表明白了語言序列本身，而是理解了說話者的意思；還有一個例子是，當我們閱讀一句話的時候，即使有個別字的順序錯亂，但我們幾乎都會忽略這些錯誤，並很快理解，而如果要找到其中的問題所在，恐怕需要逐字檢查。讀書也類似，並不需要從頭到尾字字讀通，只需要閱讀一部分內容，就能夠掌握一本書的大意。這些都說明了，人類的理解只需要接受最重要的一些資訊點，足矣，而非要清楚每個細節、每段語言序列。

我們腦海中的思維可能極其錯綜複雜，這和人類腦部的突觸結構也有關係，而我們說出來的語言、寫出來的文字，一般都是遵循著某種思路，內容才能有條理，其他人才有可能理解。就好比我們的大腦中有一幅畫面，必須得透過某種邏輯或規則，才能用語言將畫面描述清楚。

Before the Rise of Machines
從智人到 AlphaGo
機器崛起前傳，人工智慧的起點

比如我們要描述路面，馬路和大樹是主線，我們就會首先描述有馬路和大樹，然後說馬路上有什麼，樹上或樹下有什麼，以此展開，就將圖像以語言的形式線性化了。人類在思考問題的時候也是類似，人類思考的內容非常複雜，突觸結構由於有成千上萬的連接方式而多種多樣，就像詞語有非常多種組合、關聯方式一樣，但為了表達和理解，我們必須按照邏輯將它們抽取。

同時，在這樣一種描述過程中，每一個人描述的起點和方式可能大相逕庭。中國山水畫講究寫意，從大處落筆，洋洋灑灑，揮毫潑墨，作者的心胸與氣度躍然紙上；而西方某些流派講究寫實與形似，從細節著手，精雕細琢，一筆一畫，畫面的震撼力也毫不遜色。不同的思維主線，將同一畫面串聯，不同的技藝和思緒，將同一畫面呈現出不同的觀感，這正是藝術的美妙之處。

再比如記載歷史，有編年史、紀傳體、國別體等形式，如果從時間、事件、人物等不同維度描述非常複雜，而不同維度會構成一個立體畫面。拍電影也是類似的道理，電影的敘述可以有很多種方式，插敘、倒敘、意識流和蒙太奇等，但最終都會呈現一個完整的故事，將作者的思維脈絡盡情展現。總之，文字也好，影像也罷，這些豐富的形式說明了思維的表達方式可以如此豐富，並且都存在同構關係。

又如寫一部小說，小說的內部存在某種線性邏輯，其內容可以用一張複雜的圖表示，當其他人理解時，就會將腦海中的思維結構與小說背後的圖融合，形成一個更加複雜的結構，然後再重新提取出新的結構，這才是真正的理解過程。比起作者腦海中複雜的畫面，實際上書中的文字，也是經過提取整理後的一種表達，已經是比較乾淨有條理的結構，因為作者只將他認為重要的東西寫下來。而讀者在理解的過程中，會首先將圖複雜化，再按照自己的意願抽取新的結構，有些作者認為重要的內容，可能卻被讀者忽略了；而某些次要的點，卻被讀者放大，這本書實際上在讀者腦中形成了一套新的文本。對於讀者而言，在理解的過程中，由於其原有的結構與新的結構融合、重組、提取，他也學習到了新內容。

文字、電影或者繪畫，都是創作者腦海中原始畫面的一種表達。我們首先要將這些外在的表達方式盡可能地還原，再讓理解主體的知識結構介入融合，最後

第三部分 青萍之末
第十四章 理解何以成為可能

從這個融合結構中提取出新的結構,這才是完整的理解過程。最後一步的抽取,不同理解主體可以有不同的抽取方式,可能往簡單的方向抽取,也可能往更複雜的方向變化,這與理解主體的知識背景密切相關。

There are a thousand Hamlets in a thousand people's eyes.

(莎士比亞:一千個讀者眼裡有一千個哈姆雷特)

說明同一對象可以從不同角度理解,理解只能抓住主要結構,永遠不可能明白每一個細節,整個框架結構是開放式的,與圖靈機的封閉系統有根本的差別。

機器不一定要具有意識(awareness),也不需能真正理解內容意義,只需要知道如何盡可能地按照人的思維處理對象或者數據,並能夠反饋給人類合適的回覆。這個功能類似於中文房間(Chinese room),如圖 14-3 所示,中文房間是由約翰·希爾勒提出的一個思想實驗,實驗過程可表述為:一名對中文一竅不通、以英語為母語的人被關閉在一個有兩個窗口的封閉房間中;房間裡有一本用英文寫成、從形式上說明中文文字句法和文法組合規則的手冊,以及一大堆中文符號。房間外的人不斷向房間內傳遞以中文寫成的問題;房間內的人便按照手冊的說明,將中文符號組合成解答,將答案遞出房間。這樣一來,儘管房間內的人能以假亂真,讓房間外的人以為他的母語是中文,然而實際上他根本不懂中文。

圖 14-3 中文房間:一名沒有真正理解中文的人,也能將中文意思從一個人傳遞給另一個人

Before the Rise of Machines
從智人到 AlphaGo
機器崛起前傳，人工智慧的起點

第十五章 揚帆啟航

　　自我肯定需求，使人類不會走向腐化與滅亡，即使過程中會出現個別低劣的人或行為，人類從整體上看還是一直向上發展，並且我們提出了道德、審美等一系列的概念，都是為了滿足自我肯定需求，並且在嘗試了各種可能的發展方向後，最終找到的一個好的、積極的演化路線。

　　人能夠主動思考，故其發展並不是隨機選擇，而是在道德等條件的約束下，總能發現一個優化的發展方向，而這個發展方向可能讓人越來越接近神的概念。比如儒家思想提出了「聖人」的概念，當時的環境中並沒有聖人，但這個概念就是為了讓人類向聖人的特質靠近，而非實際存在。

　　自我肯定就是最大的神性，可以說是自然選擇而來，沒有自我肯定就不能成為生命，只有具備自我肯定特徵的生命，才能朝好的方向演化，人生的目的就是朝著神性發展。黑格爾的「絕對精神」、馬克思的「共產主義」、儒家思想的「聖人當道」，都是一種理想的概念，從自我肯定需求而言，這些概念可以理解。「共產主義」是馬克思在約一百七十年前所提出，在這麼長的時間中，人類的科學技術已經取得了驚人的成績，但馬克思主義並沒有充分發展。我們要承認的客觀事實是，人對自己都有自我肯定的部分，每個人的認知膜也很難穿透，就像我們在〈代理問題的認知膜阻礙機制分析〉一文中所提到，人與人之間很容易產生不信任；另外，宗教也是一種認知世界的方式，本質上也是勸善的，理應可以共存，

第三部分 青萍之末
第十五章 揚帆啟航

但我們也不得不承認一些宗教間存在的激烈矛盾。

整體來看，人類是往好的方向進步。在人類認知的歷史中，有四大里程碑：大約十萬年前，語言產生，成為人類演化的第一個重要事件，使人類能夠更有效地探索「自我」與「外界」，更便捷地與他人溝通；西元前五百年左右的「軸心世紀」，是人類第二次跨越到精神世界，這個時期類似於「少年立志」的階段，密集出現了摩西、孔子、柏拉圖和釋迦牟尼幾大思想導師，他們的理念對世界產生了深遠的影響，直至今日；大約四百年前，人類跨入了理性世界，大航海時代拉開了現代科學的帷幕，從「日心說」到牛頓運動定律，人類對世界的認知不斷深化；如今，我們已經進入了第四個階段，資訊科技的出現與發展，使人類世界發生了重大的變化，學習、工作與生活離不開數位化、資訊化，IT技術觸手可及，而人工智慧技術的湧現，也是人類前所未有的機遇與挑戰。

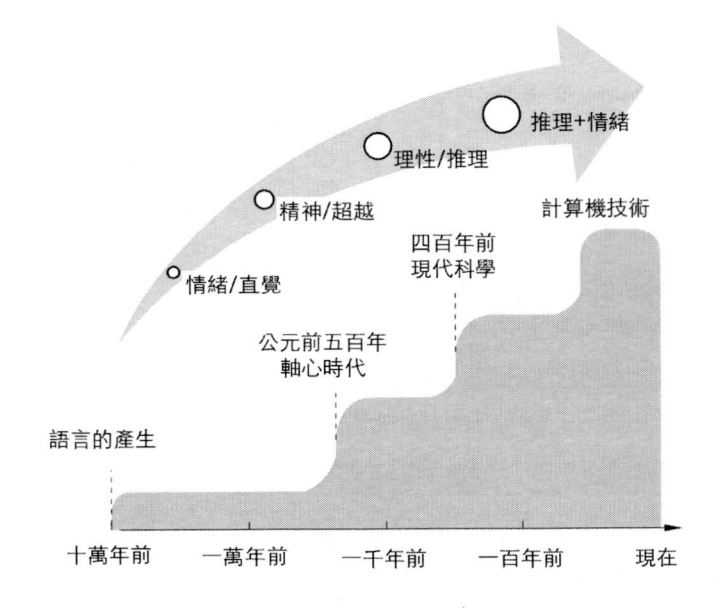

圖 15-1　人類認知的四大里程碑

哲學家丹尼爾曾稱讚「在思維設計的歷史上，再沒有更令人振奮、更重大的一步，能比得上語言的發明。智人受益於這項發明，從而大幅進步，超越了地球

Before the Rise of Machines
從智人到 AlphaGo
機器崛起前傳，人工智慧的起點

上的其他物種」。

　　凱文‧凱利感嘆：「語言的創造是人類的第一個奇點，一切都因此而改變。」

　　的確，在人類演化的過程中，語言出現，意味著人能夠表達自己的思想，更意味著人與人之間能夠相互交流，使共同創造新思維成為可能，繼而使思維的交互產生「1+1>2」的效果。同時，語言的產生也意味著文明的傳承，很多歷史和傳說在沒有文字的時期，正是透過口耳相傳才得到保存，例如《荷馬史詩》，是希臘口述文學之大成，更是西方文學偉大的作品之一，還被當作史料用於研究邁錫尼文明。

　　然而面對這個激動人心的進步，對於人類語言習得機制和話語生成的演化規律，人類學家和語言學家至今沒有統一的定論。即使對於嬰幼兒在語言習得過程中表現出的卓越能力，以及語言從出現到成熟的驚人速度，目前的理論仍難以給出完滿的解釋。

　　語言習得不僅僅是語言學，更是語言心理學研究的關鍵問題，而且語言習得和演化方面的研究，半個多世紀以來已經對哲學、人類學、電腦科學等學科影響甚深，對相關學科有重要的意義。

　　杭士基在研究中發現，嬰兒天生就表現出驚人的語言能力，在尚未接受正規的語言訓練時，幼兒就能快速理解父母的語言。杭士基提出了普遍文法（Universal Grammar）的概念，指出人類有一種與生俱來、能解析語言的「器官」，因而具備語言學習能力，且只使用一組通用的文法規則，即普遍文法。關於語言的演化，杭士基認為語言具有複雜性與多樣性，語言基本元素的演化過程，並不是用自然選擇理論就可以完全解釋。

　　平克和布魯姆（Steven Pinker and Paul Bloom）也指出，語言十分複雜，文法也很煩瑣，但兒童的語言學習速度十分驚人，並且在三歲左右就表現出能夠掌握複雜文法的能力。[13] 他們認為語言的演化和人類學習語言的能力，都符合新

13　資料來源：［美］史蒂芬‧平克（Steven Pinker）‧語言本能：人類語言進行的奧祕［M］‧歐陽明亮，譯‧杭州：浙江人民出版社，2015：349‧

第三部分 青萍之末
第十五章 揚帆啟航

達爾文過程（neo-Darwinian process），人類語言能力的習得，與蝙蝠的回聲定位能力、猴子的實體視覺能力相比，並沒有特異之處，並且尚無其他理論能取代自然選擇理論，合理地解釋這些能力。因此他們將語言歸結為人類的本能，但平克自己也認同，語言是人類為了適應溝通需求，而產生的一種生物特徵。

塔特索爾（Ian Tattersall）指出，現代智人（Homo sapiens）對符號（初期語言的基本元素）形成認知後爆發性發展，語言在十萬年內即演化完成，這與人類上億年緩慢演化的過程大不相同，他提出，與其認為語言的產生是自然選擇的結果，不如說是在大腦中有「早已適應」的神經活動，只是等待被發現、刺激。

我們引入自我肯定需求的概念，試圖解釋人類語言的習得以及語言的快速演化現象。自我肯定需求在個人層面上，有多種多樣的表現形式，有人希望得到物質回報，有人看重精神上的認可，即便是同一個人，在不同的時期或條件下，其自我肯定需求在表現形式上也可能不一樣。比如，亞里斯多德認為「人有求知慾」，它可以指在某一特定階段，人將求知當作滿足自我肯定需求的方式。自我肯定需求與人的自我意識密切相關，兩者都具有動態變化的特徵，而隨著自我意識的成長，自我肯定需求的驅動作用可能越加明顯。人們嘗試新的可能，並不一定是因為生存壓力或追尋物質財富，而可能是源於自我肯定需求。

人類語言在短短十萬年內演化完成，相比人類演化的一百七十萬年而言，語言演化的效率極高，而且達到了一個非常高級的階段，語言發展到今天，某種程度上正在退化，已經沒有以前那麼複雜。假如語言只是思想交流的工具，那麼就不應該退化，而且作為交流的方式之一，語言應該保持統一性，世界上卻有很多種不同的方言，這應該如何理解呢？

現代語言學家普遍認同的觀點，是勞動推動了語言的產生，恩格斯也曾說「語言是在勞動中一起產生出來」、「語言乃是人類在集體勞動的過程中，為了適應傳播的需要而產生，並且跟抽象思維一起產生」。從語言逐漸趨向複雜的過程來看，的確，一開始語言的產生僅僅是為了滿足交流和溝通的需求，皮欽語就是典型的例子。大三角貿易時期，來自不同種族、地區的奴隸聚集在一起，為種植園的農場主勞動時，為了順利完成耕作任務，短時間內無法學習對方語言的他們，

Before the Rise of Machines
從智人到 AlphaGo
機器崛起前傳，人工智慧的起點

　　經過語言上的相互妥協，逐漸產生一種最低限度的文法規則、並帶有明顯本地語言特徵的臨時用語——皮欽語。皮欽語吸收了奴隸所在地的大量詞語，簡單而變化多端，缺乏一定的文法規則，卻能夠在接下來的幾十年，隨著當地文明的進步而不斷趨於複雜，有的還形成一支單獨的語系，甚至如巴布亞皮欽語，便成為巴布亞紐幾內亞的官方用語之一。

　　語言的產生開始於口語，先是為了滿足基本的交流需求，繼而出於記錄的需求而逐漸形成文字，在此基礎上，經過一代又一代人的使用而不斷演化，其演化過程體現的是文明進步的需求，皮欽語的產生和演化歷程，正是人類語言起源與演化歷程的縮影。

　　皮欽語的產生，是近代可以考察到的語言現象，它佐證了語言的「勞動起源說」，讓我們認識到，語言的最主要功能就是溝通，但語言的作用絕非僅僅如此。透過皮欽語的演化過程，可以看到自我肯定需求在其中的影響力，這也與馬克斯·繆勒的語言演化觀點相互印證。

　　馬克斯繆勒在原始語言中，看到了人們命名自然現象的有趣之處，即在原始語言中，很多詞彙的字根都具有主動形式，使自然現象的命名都體現出自然力的人格化。如「東方破曉」與「朝陽升起」之類的自然現象，在當時被命名為太陽愛著黎明、擁抱黎明。「語言的這一性質，使表現事物的某一特徵，成為一種不自覺的藝術創作過程」，而這種命名方式的動機，正是當時人們對未知自然現象尋求解釋的迫切感——自我肯定需求。

　　在不斷的勞動中，人們注意到了會影響他們生產生活的自然現象，面對這樣的未知，自我肯定需求使他們想積極解釋這些現象。在命名中我們可以看到，最明顯的現象就是這些自然現象被人格化了，借助原始語言，用人的行為特性去為這些自然現象命名，使這些現象被描述得十分形象，而具有最初的藝術感。這一方面當然是由於原始詞彙的匱乏，畢竟語言一開始只是用於生產生活的交流，要想為自然現象命名，最初只能用與人有關的詞語描述；另一方面，其實也是從人類生活的角度解釋這些現象，從而不自覺在命名時加入了主觀想像與期待，而這種主動性命名方式帶來的直接結果，就是人們逐漸認識到這些自然現象和想像之

第三部分 青萍之末
第十五章 揚帆啟航

間有巨大差異,在比較中,人們感受到了自然現象的優越與威力,最終催化了原始部落當中神的觀念。

我們認為,語言的演化與自我肯定需求息息相關。正因為有自我肯定需求,語言的雛形一出現,每個人就急於表現自己與他人的不同,因而便非常積極地探索語言的各種可能性,有人嘗試了一種發聲方式,另一個人就去挑戰其他的發聲方式,這是每個人聲帶結構不同所致。但是當大家試過了所有可能性後,為了滿足交流和溝通的功能性需求,一個部落或地區的人們最終還是要達成共識,形成各自不同的發音體系,有些甚至形成了不同的文字,最終在功能性需求的推動下演化,並形成一個具有強烈地域性特點的語言體系。在這個過程中對語言的各種嘗試,正是受到了自我表現慾望的驅使,不同語言的形成,不一定都是為了滿足生存的需求,卻都要滿足某個地域人們的自我肯定需求。

語言產生之後,便開始爆發性的發展變化。

之前也有提到,在唐代,近體詩被發揮到極致,瀟灑浪漫有李白,山水田園有王維、孟浩然,新奇綺麗有李商隱,質樸厚重有杜甫,種類之多、內容之精彩,讓後人難以望其項背;到了宋朝,人們轉而將詞作發展得淋漓盡致,豪放派、婉約派各有千秋,時至今日也很難超越。還有唐宋八大家的經典古文,而在唐詩宋詞之後,元曲與雜劇又被推到了頂峰。

唐詩、宋詞、元曲的發展十分迅速,短短幾百年間就將複雜的語言形式推向巔峰,這種令人驚奇的現象,我們認為用自我肯定需求理論能夠解釋。當新的語言形式出現時,自我肯定需求使人們為了追求更多的認可,而盡可能地展示自己的才能,探索各種可能性。這是一種非常強勁、發自內心的動力。當某種語言形式變成了「時尚」,就變成了一種個性的表達和自我的體現,人們會熱衷於發展,這些語言表達形式也得以在很短的時間內變得異常豐富,而當語言形式難以繼續推進時,人類就轉而去發掘其他新的表現形式。這種快速發展和突然停滯不前,就是所謂的爆發性。

同時,除了發揮與挖掘作品形式,文字的風格與內容,也反映了作者對於世界與自我的認識,即是在特定的時間與地點,鮮明展示個人的心境與價值情懷,

Before the Rise of Machines
從智人到 AlphaGo
機器崛起前傳，人工智慧的起點

無論是杜甫沉鬱頓挫的家國之思，還是李白誇張隨性的浪漫情懷，其實質都是每個人獨具個性的自我肯定需求表達。

早在一七七〇年，赫爾德就提出「語言並非源出於神，恰恰相反，它源自動物」，神造就了人類心靈，而人類心靈則創造出語言，並更新語言。赫爾德的「人類心靈」由神創造並且難以界定，而我們認為可以用「自我肯定需求」，取代「人類心靈」在語言演化上的地位。前述的爆發性特徵與人類的自我肯定需求密切相關，它也許可以指引我們理解語言的爆發式演化。

語言在滿足了最基本的交流需求之後，被賦予了新的意義，可以被認為是認知膜中的一個重要部分。文字起源於伏羲、倉頡造字，直到春秋晚期，文字尚能維持大體一致；但到了戰國時期，文字隨地域發展，歧異顯著，形成了齊、燕、晉、楚、秦五大文字體系，還湧現出了諸多方言。

戰國時期文字的歧異現象，實際上也是自我肯定需求的表現，由於多種勢力並駕齊驅，彼此之間互不相容，即便有共同的文字來源，為了強烈表現出自己的個性，各諸侯國都傾向於使用更具特色的語言。每一種方言和文字，都代表著諸侯國主權的確立和子民對本國文化的認同，這正是各諸侯國形成、並強化認知膜的一種體現。

也正因如此，為了消除這種隔閡，秦始皇統一六國後，大力推行「書同文」的政策，還強行統一了度量衡等諸多標準，以期形成統一的文化認同，將諸侯國的認知膜融匯，穩定中國歷史上第一個統一的封建王朝。民間所使用的俗體字，隨著這一變革而被廣泛使用，語言的種類在短時間內快速地豐富。

人類有數千種語言，彼此之間的差異非常明顯，我們認為，這些差異與其說是來自環境壓力的選擇結果，不如理解為自我肯定需求的作用。人們按照自己的方式改造語言，每個人都有特定的語言習慣，不同地域之間，語言的分化也變得越來越明顯。

嬰孩學語言的過程，可以看作是人類語言演化的縮影。人類學習母語的速度之快、效率之高，讓我們驚異，人們通常認為這是由於生存需要，但我們相信這

第三部分 青萍之末
第十五章 揚帆啟航

與自我肯定需求因素的關聯更大。

對於個人而言，嬰兒表現出的語言能力令人驚嘆。我們認為，這並非源自於先天的「普遍文法」，而是第一語言作為載體，能夠有效地連接「自我」與「外界」。當小孩發現自己和外界的差異後，就會努力和外界交流，一旦發現語言是一個很好的交流方式，他就會盡力學習語言，學得越多，家長們的肯定和鼓勵也越多，這樣就能滿足嬰孩時期的自我肯定需求，因此人類習得母語非常迅速。有人以音樂為載體發展認知膜，他可能因此成為音樂天才，甚至成為所謂的「神童」；有人以數學為載體發展認知膜，他可能就會成為數學天才。

杭士基認為，語言的早期習得，依賴於某種天賦，兒童天生具有一種學習語言的能力，這種能力被他稱為「語言習得機制」。在杭士基看來，兒童先天具有形成基本文法關係的機制，而且這種機制具有普遍性。這種研究語言的方法，是反叛心理學的行為主義和哲學上的經驗主義，從這個意義上來說，語言學成了心理學的一個分支。杭士基之所以得出天賦論，是因為他認為一些事實，如兒童學習母語速度之快等，不能以天賦以外的方式來解釋。

我們認為，兒童語言的習得，並不能單純用天賦來描述，而自我肯定需求能夠系統性解釋兒童和成人語言習得的特點。

第一，兒童學習母語速度之快，是因為自我肯定需求產生強大的動力。一個新的生命必須與環境互動，接受來自各方的刺激。而人類社會的環境相較動物而言更加複雜性。這種刺激的多樣性，使兒童的自我意識迅速成長，自我肯定需求愈加強烈，而正是這種強勁的自我肯定需求，促使兒童在這個時期，嘗試用各種方式與外界交互，當他們發現語言是最有效的表現和溝通方式時，他們就會利用一切可以使用的資源學習語言。

第二，兒童學習母語的關鍵途徑，是由自我肯定需求所主導。兒童在掌握少數基本的詞彙和文法後，自我肯定需求最突出的表現形式就是博得大人肯定、融入朋友圈、在某一方面超過同齡人等。兒童快速掌握語言，根本上仍然是自我肯定需求外化的一種滿足方式。

Before the Rise of Machines
從智人到 AlphaGo
機器崛起前傳，人工智慧的起點

　　第三，第二語言的學習障礙，是由自我肯定需求在母語上得到滿足所致。學習第二語言，對於一般人來講十分困難。這是因為個體一旦掌握了母語之後，他已經掌握了表現自己以及與外界溝通的重要工具，此時第二語言對個體而言，已經失去了新穎性與需求上的迫切性，個體自我肯定需求的重心轉移到了其他方面，因此第二語言的學習效果就不如學母語那樣如有神助了。

　　嬰兒的自我意識與學習母語的能力幾乎同步形成、發展，一旦開始學習語言，發現語言是分辨事物最快捷的載體，此時語言與自我意識便開始同步成長，學習母語的驚人效率也就變得可以理解了。第一語言作為載體需求，學習得非常迅速；而第二語言失去了作為載體的需求，相對來說就緩慢很多。

　　對大多數人而言，語言學習與自我意識或認知膜的成長綁定在一起，分析哲學家指出，語言決定了我們如何看世界。對於聾啞人而言，普遍意義上的語言不是有效載體，但他們會以視覺系統和手勢為載體，形成自我意識與智慧，這也是為什麼我們發現通常聾啞人的視覺都會特別敏銳的原因。由此可見，大腦具有自適應性，人的自我意識、認知膜的成長也具有自適應性。

　　平克認為，人習得語言是本能。杭士基則將習得語言視為與生俱來的能力，他在觀察兒童語言學習後，認為很奇怪的是：有很多文法，兒童好像不學就會，而且天生有一種習得語言的衝動。傳統理論認為，語言的產生是一種社會活動的結果，他們則認為天生具備。

　　我們認為，兒童學習語言之所以這麼快，是因為人在幼年時期需要以語言來表達自我、形成自我意識。比如兒童對外界十分好奇，常常會為周圍事物命名，表現出語言衝動，而伴隨兒童形成自我意識的也不僅僅是語言，還可以是音樂、繪畫等。

　　杭士基認為語言有通用的文法，實際上是對語言現象的一種誤解。首先，如何定義文法的概念？是語言學家制定的規範？還是人們普遍使用的規則？即便是人們所使用的規則，也不盡相同，加之還有很多人不遵從文法，因此認為文法就是「通用」的論斷，還是言之尚早。通用的集合可大可小，但即便有這種通用的現象，並不能證明語言上「先驗」的存在。語言無論是用來溝通還是自我表達，

第三部分 青萍之末
第十五章 揚帆啟航

最基本的作用還是表達「我」與「外界」的「關係」，也就是主語、賓語和謂語。這種表達主語與賓語的關係，就像人只能透過元音與輔音發聲一樣，是必然的發展，別無選擇。杭士基強調，把文法當作一種類似機械的機制來分析語言，是對語言的誤解。

在研究人類語言的問題上，也可以採用類似的方式，比如採用一組基（單字或詞），投影其他文字，雖然這個過程很複雜，但也可能實現。在壓縮感知（compressive sensing）的概念中，希望涉及的基數量最少，以此為原則優化，這種約束在語言處理中也可能存在。

語言在人類的演化過程中非常重要，而處理語言與視覺因素分不開。人類能夠透過視覺判斷，區分不同的個體（或者整體），比如小孩第一次看見一隻兔子，透過觀察兔子的運動，他們能夠自然地將兔子抽離出背景環境，並形成一個對應的概念，即便是看見兔子的側面，也能自覺想像到兔子的另外一面，從而定義出這個整體的對象。這一點對於電腦而言就非常困難，因為機器如果只捕捉到對象的局部畫面，很難自行補為整體。

我們認為，欲使電腦學會人的思維模式，達到人工智慧，就必須使電腦學會這種處理語言和處理「視覺」的方法，這也可以做到。聾啞兒童看電視也無法學會語言的例子十分有代表性，說明人類的學習需要從簡單的內容開始，一點點累積和演化後才能達到期望的效果；而如果一開始就提供過多的資訊，反而會分散人的注意力，使人無從下手。

杭士基認為語言是天生的，康德也認為有「先驗」的存在，「先驗」的本體是未知的，而概念都是這個「先驗」本體的反映。杭士基提出普遍文法的概念，並認為這是人類與生俱來的，與普遍文法相類似的是邏輯、數字的概念，這些概念又是從何而來？是否也是天生的？因為有很多部落的人對數字沒有概念，但是他們能夠很快學會。杭士基則認為，將語言分解為細小的單位就是數字，數字也是語言的一部分。

綜上，我們更傾向於從自我肯定需求的角度理解，因為人在認知的過程中，有自我肯定需求，希望能夠更好地認識世界，從而提出概念，並美化概念，因而

Before the Rise of Machines
從智人到 AlphaGo
機器崛起前傳,人工智慧的起點

產生了語言、審美和邏輯(最初的數學也被涵蓋其中)。

第三部分 青萍之末

第十五章 揚帆啟航

第四部分
「孟母三遷」

Before the Rise of Machines
從智人到 AlphaGo
機器崛起前傳，人工智慧的起點

亞聖孟子

　　鄒孟軻之母也。號孟母。其舍近墓。孟子之少也，嬉遊為墓間之事，踴躍築埋。孟母曰：「此非吾所以居處子也。」乃去舍市傍。其嬉戲為賈人炫賣之事。孟母又曰：「此非吾所以居處子也。」復徙舍學宮之傍。其嬉遊乃設俎豆揖讓進退。孟母曰：「真可以居吾子矣。」遂居之。及孟子長，學六藝，卒成大儒之名。君子謂孟母善以漸化。

　　　　　　　　　　　——西漢劉向《烈女傳·卷一·母儀》

第四部分 「孟母三遷」
第十五章 揚帆啟航

　　每一次搬遷，對孟子而言都是當時最好的選擇。也只有在這個平台之上，孟母才能看到不足，再尋求新的住處，為孟子帶來新的進步。人的成長亦復如是，一步一級台階，從一個平台尋求超越，再上升到另一個平台，讓人在上升的過程中充分享受滿足。也正是豐富的經歷，才能夠讓孟子在年少時就飽嘗世相冷暖，體悟人生，在年少時就能洞察人性，終成一代亞聖。人類也正是在探索的天梯中一步一腳印，才能成為萬物之靈。

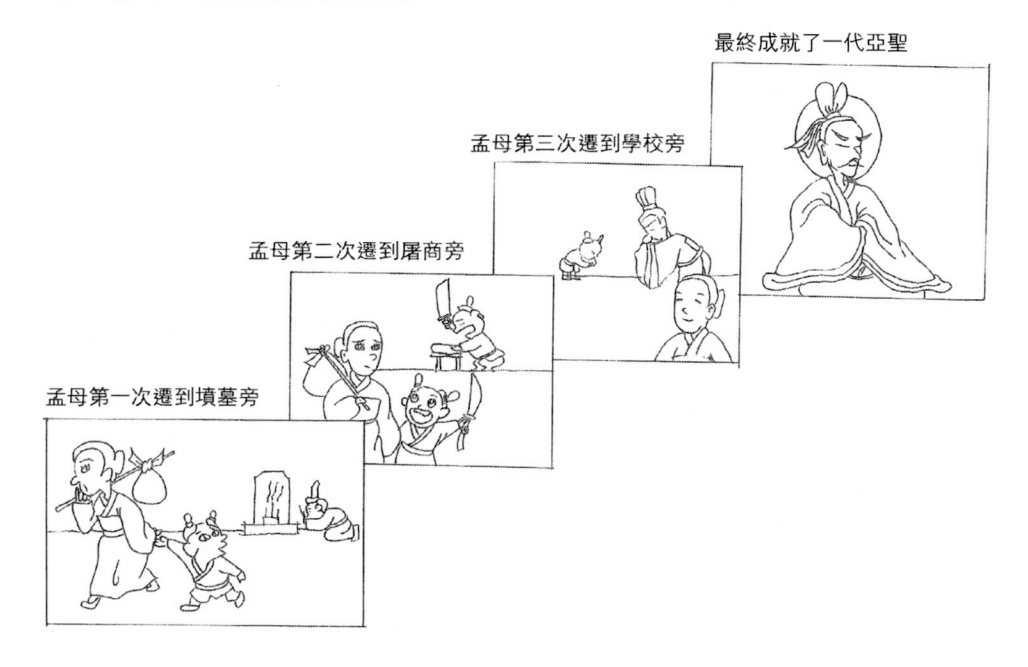

最終成就了一代亞聖

孟母第三次遷到學校旁

孟母第二次遷到屠商旁

孟母第一次遷到墳墓旁

> **Before the Rise of Machines**
> 從智人到 AlphaGo
> 機器崛起前傳，人工智慧的起點

第十六章 個人認知的躍遷

相對於人類認知的躍遷，個人認知也有躍遷式的發展。如圖 16-1 所示，皮亞傑將兒童的認知發展分成了四個階段。

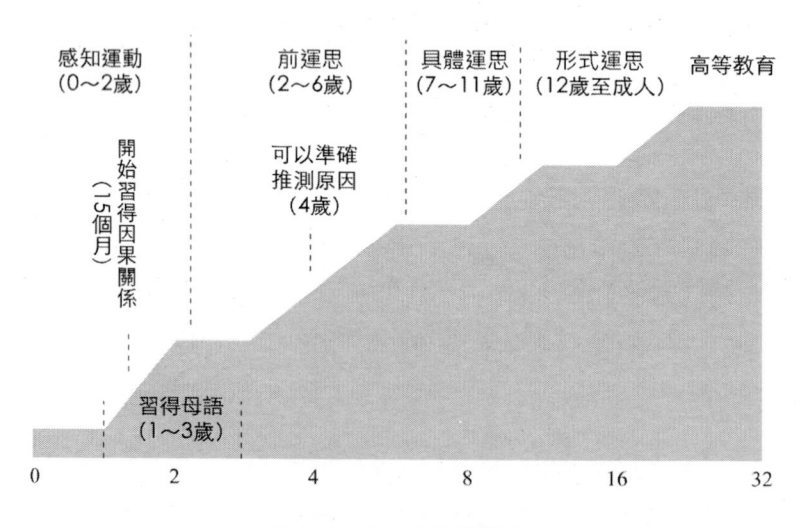

圖 16-1　個人認知的躍遷

（1）感知運動階段（Sensorimotor Stage，兩歲前）。兒童主要借助感知運動圖式，協調感知輸入和做出動作反應，從而依靠動作適應環境，並逐漸成為初步了解生活問題的解決者。

第四部分 「孟母三遷」
第十六章 個人認知的躍遷

（2）前運思階段（Preoperational Stage，二～六歲）。兒童將感知動作內化為表象，可憑藉心理符號思考。

（3）具體運思階段（Concrete Operational Stage，七～十一歲）。兒童的認知結構演化為運思圖式，具有守恆性、克服自我中心性和可逆性。

（4）形式運思階段（Formal Operational Stage，十二歲至成人）。兒童思維發展到抽象邏輯推理水準，能夠擺脫現實影響，關注假設命題，並做出有邏輯和富有創造性的反應，同時可以演繹推理。

人的認知有很重要的特點就是「複製貼上」（cut and paste）。

一方面，人可以從連續的背景或整體中抽取出一個部分、一棵子樹，並孤立這個部分，這是非常奇妙且重要的過程。比如我們面對一個人時，可以提取出面部或其他我們認為重要的部分作為認知點來突出記憶。

另一方面，人又可以將局部或片段整合連繫。比如在識別某個人的表情時，我們關注的是眼睛、嘴巴等局部，雖然這些部分與正常狀態下相去甚遠，我們卻能將這些變化的局部聯繫起來，忽略部分細節，判斷出依然是原來的那個人；機器則是比對兩個整體，與人的認知有很大的差異。當我們看電視或欣賞圖片時，如果一隻貓藏在沙發後面，露出了一半身子，我們仍然知道那裡有一隻貓，因為我們的預期會自動補齊缺少的部分，這就是「貼上」的過程。

這種認知的特點，來源於「我」與世界的連繫，當人開始有自我意識，就開始認識到外界的個體，知道個體之間可以被區別，比如一隻貓走過，我們可以將貓與背景區分開。很多動物也具備這種能力，單細胞生物可能沒有，而植物的自我意識表現不強，有沒有這種能力還很難說。

人和機器在認知上最大的差別應該就在這裡，人之所以表現得更好，就在於人能夠靈活地複製貼上；而如果機器能夠學會這種能力，認知能力將會大大提高。

除了提取局部，有時候我們還會誇大特徵、極端化，這樣的好處是可以抓住特徵，快速認知。我們之前已經討論過，認知並不是越精確、越全面越好，何況完全的精確無法達到。我們在不能擁有全面的條件下認知，就需要抓住事物的特

Before the Rise of Machines
從智人到 AlphaGo
機器崛起前傳，人工智慧的起點

點。

語言也反映了人的認知特點，我們常常省略一些細節，只表述關鍵部分，例如回答「在哪裡」時，我們會說「我在船上」，而不常說「我坐在船上」，可見口語表現出的文法可以非常弱（由於符號和省略的限制，書面文法相對嚴格）。人在說話時不需要太強調文法，只要抽出意義即可，複雜的句子由很多簡單的元素糅合而成，其中也可能包含遞歸的關係。我們可以省略、分割、重組，儘管並不是所有變換的形式都成立，但當我們將某一種形式與現實比較，發現某種驚人的耦合時，就會有很震撼、或很美妙的感覺，而這一切的背後驅動力是自我肯定需求，並不是為了生存壓力，而是為了愉悅自己。

除了語言，漫畫也能夠反映出人類認知中的誇大特徵。畫家需要放大所畫對象的某些特徵，以凸顯出該對象的特點，與此同時，還要使這些特點與其他部分融合，使整體和諧統一。

人的認知是分層的，每一層都有自己的規則，層與層之間可以任意跳躍；而圖靈機的規則是既定的，人的規則卻可以變化。多個簡單規則可以融合為新的規則，以層級的方式理解認知，就沒有想像的那麼複雜了。

人類整體的認知具有一定的客觀性，可以獨立於個體之外，比如千年流傳下來的一些道理、概念、道德等，雖然是由人類創造，但是已然成為客觀性的存在，個體很難改變，即使做出某些可能的變化，也必須遵從某個既定方向。

生命在形成初期就需要感知外界，這時感知到的資訊一定具有兩個特徵：非完整性與扭曲性。因為生命若想繼續生存，就必須逐漸認知外界，而這時的認知一定不是真實的，因為此時能得到的資訊不完整且扭曲，是從生命主觀的角度去理解。但此時，這種認知也不需要是真實的，因為能夠滿足當時的自我肯定需求、幫助生命主體適應所認知的世界才是最重要的。同時，這樣的感知帶有壓力，在於如果認知錯誤，個體就會受到懲罰，認知正確才會有獎勵（reward）。生命初期的感知能力很弱，但是為了生存，生命體必須養成認知的習慣，這一部分就是智慧的根源。這和推理不同，推理是後期才有，生命初期只是簡單的認知和嘗試（try and correct）。

第四部分 「孟母三遷」
第十六章 個人認知的躍遷

我們認為，人的認知也經歷了這樣的過程，關鍵就在於一開始對外界的錯誤認知，接收到的資訊扭曲、不完整；但為了生存，就必須適應所認知的外界，必須將錯誤的認知當作真實來面對，自我肯定需求也是這樣而來。

從另一個角度來看，正是因為我們接收的資訊不完整，才必須自行編造出一些事物或概念，這也正是人類創造的價值所在。大到審美、道德、宗教，小到閱讀一篇文章，都有人類的創造。

「天圓地方」的說法在春秋戰國時期就出現了（如圖 16-2），這在當時是一個了不起的概念。「天圓」比較容易透過日升月降想像，但「地方」很難描述。當時的環境應該是沒有四通八達的馬路或稜角規整的地界，但「地方」概念的提出，促使當時的人們更有效地認識、建設環境。

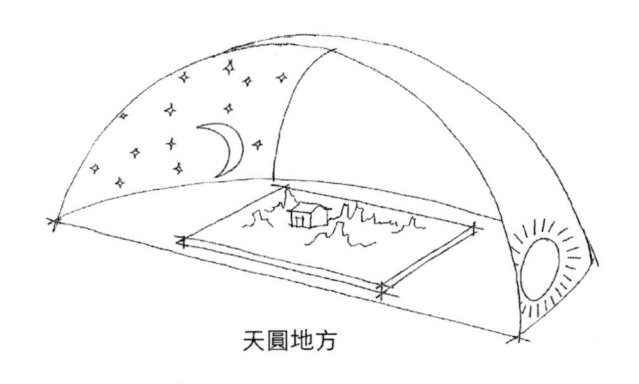

圖 16-2　天圓地方的宇宙論

有很多理論並不是完全透過邏輯推導出來，可以視為是假說或者發現，目的是解釋問題、理解世界。在我們的發現中，「自我」最開始，是從皮膚觸覺這一物理邊界而來，但是會不斷變化發展，直至可以獨立於物理世界。「自我」的「實存」可以從兩個角度來看：一個角度是，我們能按照自己的理解與世界交互，這將會帶來影響，因為「自我」能實實在在地改變物理世界；另一個角度是，笛卡兒的「我思故我在」，也就是說，人可以懷疑一切，唯獨不能懷疑自我，因為產生懷疑的主體就是自我。

Before the Rise of Machines
從智人到 AlphaGo
機器崛起前傳，人工智慧的起點

　　哲學上，我們不需要別的假設，只需要有「自我」與「外界」的劃分，加上「自我肯定需求」就足矣。在我們的理論體系中，只需要「自信」，相信自己，而不需要那種對上帝的「信仰」。因為邏輯上不能證明「真理性」，我們比較認同儒家所講，「誠」是在「真理性」之上，但這個「誠」更多指要誠心誠意地接納規律，而不是使邏輯一致。我們認為，在「誠」之上，還有一個「信」的問題，如此，體系才是封閉的。因為只是掌握自然規律不夠，還需要創造未來，我們的體系中沒有引入上帝，那麼就需要我們「自信」。可這麼做，會不會有將自己帶進「溝」裡的風險呢？實際上，相信自己也有多種尺度，比如，我們可以預測幾天、幾十天的天氣情況，以提前防範，我們還可以發現、預測氣候（如聖嬰現象），甚至還有更長的尺度，比如軸心世紀出現的精神導師們，他們可以規劃更久的未來。（如孔子鼓勵人們追求成為君子與聖人）這些不同尺度的預測，都會規範我們現在的行動，以保證自己不掉進「溝」裡。

　　邏輯的完整性有時不能兼顧，就像物理學裡的熱力學第二定律，與牛頓力學、量子性與古典性、實證主義與否證主義等等，它們之間表面上看起來對立，實際上又能夠共存。當年「地心說」與「日心說」之間的對抗，在今天看來兩個理論都正確，只是選取的參考系不同，但對於當時的科學水準而言，「日心說」大大簡化了太陽系的模型，甚至只需要橢圓軌道就能將天體運動解釋清楚。如果採用「地心說」，一層一層添加天球，我們也可以預測天球的運動，卻很難發現克卜勒定律和萬有引力定律。我們的原則也盡可能簡單，同時也要盡可能涵蓋更多的內容，雖然其中可能還存在跳躍的地方有待填補。

　　明斯基也承認，任何理論一開始，都應該有一個簡化的版本，而這個版本也能解決許多問題。我們認為，智慧最初始、最簡化的版本，就是「自我」與「外界」的劃分，只是它們會因為物種的生理特徵而有所不同，即使在同一物種之間，也會因為生長環境不同，受到不同的刺激，最終產生不同類型的智慧；但無論是哪一物種的智慧，我們都不能否認其不斷成熟。

　　從人類演化史來看，我們看到智人一步一步成為大自然主宰的過程，全人類智慧的進步和人類的生存環境糾纏，相互影響。

第四部分 「孟母三遷」
第十六章 個人認知的躍遷

　　就像語言從勞動而來，為了解決基本的生存問題，人類憑藉著思維的躍遷，在一次次嘗試中，不斷強化對外界的認知，以及「自我」與「外界」的劃分，促進提升自我意識；而不斷豐富的自我意識，則促進自我意識向外、向內延展，反過來不斷加強人類對自我的認知，進一步強化這個最基本的劃分。

　　當自我意識豐富到一定程度後，自我肯定需求和認知膜的產生，更催化了「自我」與「外界」模型演化。群體性自我意識的豐富，使全人類智慧提升，使人更加聰明，繼而能夠更加順利地改造世界。

　　個體性的成熟，其實就是整個群體智慧發展的縮影。所謂心智的成熟，就是從嬰兒接觸世界開始，將人類智慧演化的歷程在十幾年內快速走過。隨著科技的日新月異，孩子接觸到的東西，遠比長輩當年接觸到的東西多，意味著他們能感受到比長輩更豐富的強烈刺激，這個說法恰好可以解釋，青少年為什麼會一代比一代早熟。情緒是「自我」與「外界」不斷交互而產生的副產品，它也與劃分相互影響迭代，讓一個人能夠按照「自我意識」更好地控制自己。

　　那麼，在我們充分認識這些後，如何利用這些認知使人類成長，並且在機器崛起之時做好準備呢？

Before the Rise of Machines
從智人到 AlphaGo
機器崛起前傳，人工智慧的起點

第十七章 生而得之的善意

我們已經認識到，人在五歲前的年齡段，是自我意識形成的關鍵時期，那麼人為什麼會有強烈的渴望尋求自我超越，或是希望世界能變得更美好、更和善呢？《三字經》認為「人之初，性本善」，王陽明也堅持人有「良知」，盧梭弘揚人的自由平等，哲學對於善、愛、美的探討也從未停下，這些概念都遠遠超出當時人們的認知水準，更超越當時普及的傳統文化。《浮士德》或是西方宗教所提出的「惡」一直是抽象的定義，始終都只是被視為「善」的對立面。

生命有生而得之的善意，也就是說一個呱呱落地的小孩，從出生開始就接受世界的善意。清新的空氣、溫暖的陽光、父母輕柔的撫摸與懷抱……我們從出生開始就被世界溫柔以待。在我們五歲之前，來自世界的善意將我們包圍，並且在原意識開始形成時，就深深印刻在我們的認知膜中。人的生命本是脆弱，可是來自世界的各種關照，讓脆弱的生命逐漸變得堅強。無論是東方的「仁、義、禮、智、信」，還是西方各類宗教體系對善的弘揚，無一不在經歷千百年的傳承後歷久彌新，而新生一代就誕生在這樣的環境中，在自我意識快速形成的時候感受、銘記善意，形成看似與生俱來的善惡觀，最終又親自將這份善意傳承給下一代。人類心中善意的種子，在人類誕生的那一刻就開始生根發芽，我們感恩世界贈予的一切，善意也在世界對我們的饋贈中，隨著人類的進步而不斷延續和超越。這也解釋了即使是罪大惡極之人，還是會在生命的某一刻釋放出人性的善意。包括自我

第四部分 「孟母三遷」
第十七章 生而得之的善意

意識相對微弱的動物，也在出生時就承受著大自然的饋贈，我們自然就會看到同一種族互相依偎、互相扶持的動人畫面。

更有趣的是，這樣的善意還能夠在人與動物之間傳遞。我們都還記得《忠犬八公》裡面，被大學教授收養那只名叫「八公」的小秋田犬：被收養後的每一天，八公早上都會送教授到車站，傍晚等待教授一起回家，而在教授因病辭世，再也沒能回到車站的九年時間裡，八公每天依然按時在車站等待，直到死去。從這個小故事中，我們可以看到溫和友善的教授，將八公當作第二個兒子，悉心照料，而八公每一天都堅持在車站等候。教授的善意透過一舉一動傳遞給八公，而八公在感受到善意之後也選擇了忠誠的等候。最終，這樣的善意透過電影傳遞給觀眾，讓觀眾也感受到這份人與狗之間溫馨友善的愛。狗是最早被人類馴服的動物（距今約一萬三千～一萬五千年之間），因而人性中的善意和忠誠在狗身上也體現得十分明顯。無論是導盲犬對盲人悉心的幫助，還是軍犬和軍人之間戰友般的情誼，抑或是主人與寵物狗之間的親密與友愛，這些動人場景都表明了人類社會對狗的依賴、信任，乃至善意。再到後來，馬、牛、羊等動物被人類馴化，貓、倉鼠等越來越多的寵物出現，善意的傳遞在人與動物之間愈加普遍。

可見，善意的傳遞不僅僅局限於種族內部，而往往在生命誕生之初，就傳遞給生命，又透過一些行為或是情感，傳遞給周邊的人物，從親人到朋友，從寵物到器物。這也解釋了，為什麼一些看似不起眼的物品，總能承載人類的情感。士兵離開國土到異地打仗的時候，一抔黃土就能承載他們對故土的思念和熱愛；林海音《城南舊事》中提到的「爸爸的花兒」承載的是父親對女兒的回憶，以及作者對父親的懷念。

山川河海，一草一木，總能觸景生情，亦總能激發人的詩性。王維看到了「大漠孤煙直，長河落日圓」的壯麗恢宏，杜甫亦有「感時花濺淚，恨別鳥驚心」的家國之情，李白在「飛流直下三千尺，疑是銀河落九天」中釋放人性的浪漫。在唐詩、宋詞、元曲中，文人騷客的情感就寄寓在他們眼前的山水田園、花草樹木之中，或許也正是因為世間萬物的善意，早已在他們出生時就融入生命，只等著他們去歷經世事，因此在面對此情此景時，就被激發出善意的詩性，並能超越生

Before the Rise of Machines
從智人到 AlphaGo
機器崛起前傳，人工智慧的起點

命，超越時代，超越歷史的打磨，而當這些超越時空的美呈現在我們面前時，因為文明的傳承，因為同樣接受了來自世界的善意，我們總能被這一詞一句打動，從字裡行間體會這份超越的善。

漫長的演化與繼承，隨之而來的是超越。人類文明就是在這一次次感受、傳承和超越中不斷綻放燦爛的花朵。誠然，人類也曾有過令人惋惜的歷史，但幸運的是，那些事件最終沒有將人類帶往反方向。這或許也能從善意的傳承中解釋，因為文明的善意早在我們誕生時就已經融入生命，善意的火種從被點燃，就從未熄滅。當有些人想要逆流而上，放大惡的時候，還是有人會堅守文明的火種，堅守自由、平等、博愛的精神，無所畏懼的抗爭。也正因如此，在相對短暫的混沌之後，取而代之的是更加清醒與理性的文明，而人性的善意，則在一次次戰勝惡之後，變得更加強大。

在歷史上，人性本惡的論調也從未平息，這也可以理解。一方面，在自然災害頻發、戰爭不斷的影響下，物質條件不夠富足，文明和自然的善意都無法滿足人對於生存的需求和渴望，所謂的人性之惡難免會被放大；但另一方面，我們也要看到，正是在那些文明不夠發達的年代，誕生了軸心世紀的先賢，但在當時的歷史洪流之中，他們的力量也未免顯得有些勢單力薄。在那個年代，他們能夠超越既有的善意，超越當時的文明邊界，為世界創造璀璨的善意，並踐行傳承，也正因如此，他們的善意才能歷經千百年而傳承不衰。

有了這些認識，自然法的基礎和經濟學中的基本前提，都有重新討論的可能。基於人性本惡的假設，世界各國都曾有盛行重刑主義的時期，但在實際運用《刑法》的過程中，重刑的威懾力似乎並沒有想像中那麼強大；而在一些經濟學和社會學的模型中，一些基於人性本惡的推測也時常失靈。

從善意誕生與傳承的角度來看教育，其目的也更加明晰。教育培養出的精神貴族，應該要能繼承人類文明中積澱的善意，並且能透過身體力行傳承給下一代。一方面我們要為下一代創造更好的環境，讓他們能在一個充滿善意的環境中成長，而不至於顛沛流離；另一方面，我們用自己的行動踐行善、傳遞善，讓下一代能在我們的行動中感受到愛與善意。因此，從更本質的層面上看，真正的精神

第四部分 「孟母三遷」
第十七章 生而得之的善意

貴族在不斷滿足自我肯定需求的時候，正是在不斷豐富和感受自己人性中善的一面。而自我需求滿足之所以能向善的一方傾斜，是因為千百年的傳承為全人類文明積澱了諸多善意，所以自出生起我們接觸到的世界，在記憶最深處就是如此美好，哪怕在將來與世界的交互中，我們面對的不全是善意，終將不會動搖我們對善的相信與堅持。

> **Before the Rise of Machines**
> 從智人到 AlphaGo
> 機器崛起前傳，人工智慧的起點

第十八章 立志與勵志

　　在西元前十三世紀到西元前兩百年，尤其是在西元前六百年到前三百年間，北緯二十五度到三十五度區間歐亞大陸上的四個地區，集中出現了對後世影響極大的幾大精神導師與信仰，被稱為「軸心世紀」。軸心世紀湧現的精神領袖（如圖 18-1），包括以色列地區的摩西（一神論）、中國的孔子（天／仁）、古希臘的柏拉圖（理念）以及印度的釋迦牟尼（真如）。他們的理論看起來特點各異，但他們及這些理論出現的背後，有沒有統一的因素？我們將在下文試著回答這個問題。

以色列	・摩西（一神論）
中國	・孔子（天／仁）
古希臘	・柏拉圖（理念）
印度	・釋迦牟尼（真如）

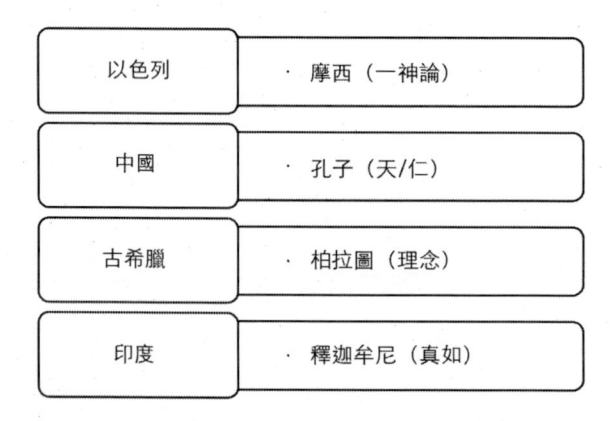

圖 18-1　軸心世紀的精神領袖

第四部分 「孟母三遷」
第十八章 立志與勵志

由前面的討論我們知道，人的自我意識可以向內發展，也可以向外延拓。從「我」到「我的」，從自己的身體到持有的食物和工具、擁有的財產，人的自我意識邊界會因為向占有物延拓，而變得模糊。但由於自我肯定需求，每個人的自我意識變得有擴張性，即自己想得到的，總是高於自己應當得到的，這在人類社會初期並不明顯，因為當時的物質生活不夠富裕，生存條件還很惡劣，人們過著部落性生活，私有制尚未占據主導地位，常出現部落之間的領地衝突，和人之間食物或工具的分配糾紛。

隨著農業革命，地理條件優越地區的農業文明逐漸發展，尤其以軸心地區為代表的農業文明發展迅速，人們的物質生活逐漸富裕，私有制逐漸占據主導地位。此時人們的自我肯定需求就十分明顯，圍繞土地、財產、權利的紛爭愈演愈烈，軸心世紀由此發端。

其實，在軸心世紀以前，各個地區就已經出現祭祀等宗教行為。如前文對於語言的探討，在原始語言出現的時候，人們就已經在滿足基本的生產生活之餘，初步的命名和解釋自然，這不僅體現了當時語言的匱乏，也反映出當時的人們不理解大多數自然現象。

最開始以儀式為主、僅限於崇拜萬物的簡單的宗教行為，反映的正是當時人們所追求的無限、永恆等神性，並產生神的觀念（如圖 18-2）。這種對於無限、永恆等概念的追求，恰恰是出於自我肯定需求。無論物質生活富足與否，人們都不滿足，因而想在其他方面尋求出路，於是，當很多未知的自然現象週期性的出現，並影響到人們的生產生活時，如風、雨、雷、電等，人們就會迫切想解釋這些未知的現象。

自然現象的劇烈變化，常常在古人心靈中激起畏懼、害怕、讚美與歡樂，但由於同一現象不斷重現、日月交替準時無誤、上弦月和下弦月的週期變化、季節的前後銜接，以及眾星有節期的漂移，都使人感到一種寬慰感、寧靜感和安全感。當時的人們感受到這些現象背後，的確受某種原因或規律支配，但由於知識水準或思考水準有限，這種對於無限、永恆的追求，最終將這些自然事物或現象，變成人們崇拜、敬畏和祭祀的神，這就是多神教的起源。

Before the Rise of Machines
從智人到 AlphaGo
機器崛起前傳,人工智慧的起點

圖 18-2　信徒對教條堅信不疑,不同的教條卻可能相互衝突

　　後來,為了統一信仰以團結部族一致對外,一神教就成為歷史主流。就一神教的教義來說,其反映的仍舊是人們對於神性的追求。亞伯拉罕諸教信奉上帝,而其教義則教化人們要為善,以求死後能上天堂,追求的就是一個永恆的極樂世界,其本身也具有神性;佛教追求輪迴;基督教所謂的靈魂不朽,本質上都是人們對於永恆的一種美好嚮往;儒家雖然沒有所謂的不朽論,但其所謂的王道與仁、義、禮、智、信等等,追求的仍舊是一種至聖的境界,這是中國道德價值中的神性,聖人不僅具有高尚的品格和挽救家國的能力,還能達到一種心靈極度自由的圓融境界。

第四部分 「孟母三遷」
第十八章 立志與勵志

軸心世紀相當於個人成長中「少年立志」的階段。隨著文明進步，文化和語言都複雜化，人們的思維也不再像曾經那樣局限於生產生活和對世界的簡單解釋，人們開始更複雜的思考，也更有時間和精力觀察和解釋世界，終於發現自己不能只滿足於解決眼前的溫飽問題，而應該有更高的精神追求。這種意識不僅僅發生於某人，而且發生於一個群體或部落。

雖然對於神性的追求，從宗教起源到現在從未止步，但是直到軸心世紀，人們才有了真正所謂的「目標」，或者是「遠大的志向」。從這些著名的精神導師及他們的概念中我們可以發現，人們對於「神」的態度，已經不再局限於最開始的崇拜和敬畏，他們開始思考「神」和宇宙存在的意義，並付諸行動，有些人甚至有了追求神，或是超越「神」的想法。

同時，他們開始將自己的生活和「神」更加緊密地連繫，並以神來定義、規範或評價自己的行為。這些概念創造也是一種實踐，他們探討了前所未有的生活方式，可以看作是「立德」的一種範例。從他們當時所處的社會環境態度來說，中華文明的繼承性最強，而以色列的反叛性最強，古希臘和印度的反叛與繼承程度在兩者之間。

亞伯拉罕諸教是一神教的主要代表，即奉亞伯拉罕為先知的三大宗教——猶太教、基督教和伊斯蘭教，基督教和伊斯蘭教實質上同源於猶太教，而猶太教則誕生於猶太人備受埃及迫害、顛沛流離的時期。亞伯拉罕的「一神論」為猶太教奠定了基礎，猶太人摩西雖然被埃及公主收養，過著優渥的生活，但他痛恨埃及法老制度的腐朽，對埃及的泛神論思想也持反叛態度，看見猶太同胞飽受埃及人虐待的他，在一次埃及人欺侮猶太人的事件中，殺死埃及人，舉起了反叛的大旗，甚至出走埃及。最終，摩西帶領猶太人在西奈山上接受十誡，並確立猶太人和上帝牢不可破的契約關係，猶太教正式誕生。

猶太教強調，除自己以外的宗教都是邪惡的，猶太人的被擄掠，也被用來證實先知斥責的正確。假如其信奉的耶和華是萬能的，那他們所受的苦難只能說明是源於自己的罪惡，這種父親教育孩子的心理，使他們認為自己的心靈極度需要淨化，因而在流亡期間，猶太教發展出比獨立期間更為嚴格、更加排斥異族人的

Before the Rise of Machines
從智人到 AlphaGo
機器崛起前傳，人工智慧的起點

心態。猶太教作為猶太人認知膜的重要層次，曾經幫助猶太人經歷千辛萬苦，也使猶太人有著極其頑強的民族自尊心，即使他們被擄掠也不怨天尤人，只堅信是自己沒有保住信仰的純潔。

再往後，基督教繼承了摩西十誡，奉耶穌為上帝派來的彌賽亞，在古羅馬帝國統治下的貧苦人民中興起；幾世紀後，穆罕默德則以伊斯蘭教統一了阿拉伯半島。雖然兩大宗教都繼承了猶太教義，但這三大宗教都對彼此互不認可，猶太人不認可耶穌與穆罕默德為先知，伊斯蘭教雖然認為耶穌是先知之一，卻不完全認同猶太教義，並且認為基督教將耶穌奉為神的做法是偶像崇拜，是「瀆神」。基督教因為認為猶太人猶大出賣了耶穌，而在羅馬帝國時期一度迫害猶太人；而在基督教和猶太教和解以後，宗教矛盾就主要體現在基督教和伊斯蘭教之間，為阿拉伯半島和小亞細亞的戰亂衝突埋下伏筆。

軸心世紀中的耶路撒冷曾數次易主，猶太人也曾因此流落四方。亞歷山卓建成後，大批猶太人定居在那裡，這些猶太人逐漸希臘化，甚至忘卻了希伯來語，以至於不得不把舊約翻譯成希臘文，這就是七十士譯本的由來。與此同時，猶太人還逐漸繼承和吸收了同時期的古希臘哲學思想，猶太人哲學家斐洛·尤迪厄斯就是最好的例子，他受柏拉圖、亞里斯多德等諸多哲學家影響，尤其推崇柏拉圖的學說，其哲學促成了早期基督教的希臘化。

說到希臘，其文明的突然興起讓人驚異，而希臘人在文學、藝術、哲學上的成就更是令人嘆為觀止。歷史證據表明，希臘文明源於克里特島，而克里特島的文明則源於埃及和巴比倫。但不同於埃及的農耕文明，希臘文明是一種商業文明，這是由希臘獨特的地理位置、環境和氣候條件所造就。軸心世紀中，從畢達哥拉斯到蘇格拉底，再到柏拉圖和亞里斯多德，希臘貢獻了多位傑出的哲學家。柏拉圖在青年時期，恰好經歷了雅典在伯羅奔尼撒戰爭中的慘敗，更見證了自己敬愛的老師蘇格拉底被處死，這使他開始厭倦民主制，也催生了他對於國家和理想世界的想法。

《理想國》作為柏拉圖最重要的一篇對話，第一部分便描述了他心中的烏托邦——理想國；第二部分提出了關於唯心主義的思考，在其中，他得出「意見是

第四部分 「孟母三遷」
第十八章 立志與勵志

屬於感官所接觸的世界,而知識則屬於超感覺、永恆的世界」這樣一個結論。柏拉圖主張心物二元,靈魂不朽,後來,亞歷山卓的神學家俄利根便利用此觀點,提出「永恆受生」的概念,解說聖父與聖子的關係,重新演繹了基督教的信仰,並以此為基礎,建立了基督教的傳統神學系統,影響基督教至今。柏拉圖的二元論、目的論、神祕主義等觀點,深刻影響了基督教神學,而其唯心主義甚至貫穿整個歐洲哲學。

在軸心世紀,印度處於十六國爭霸時期,釋迦牟尼本是其中一個沒落部族——釋迦族的王子,誕生於印度社會宗教改革的最高峰時期。釋迦族不斷受到強鄰的侵略威脅,地位十分脆弱,釋迦牟尼經歷了四門遊觀後,痛感人生疾苦,繼而嘗試用苦行禪定的方式悟道,發覺苦行無益,進而證覺成道,終成佛陀。佛教因為其教義順應了剎帝利的利益訴求得到扶植,加之弟子的共同努力,佛教得以迅速傳播;直至西元前三世紀,阿育王統一印度,佛教終於成為印度國教。

佛教之於東方,亦如基督教之於西方,佛教對東方文明的演進有難以磨滅的影響。「善有善報,惡有惡報」來自佛教最經典的輪迴論,所謂人死而靈魂不滅,生命在一次次輪迴中承受因果報應而自由平等。這個思想最先流傳在印度的底層民眾中,他們承受著種性制度的壓迫,在階級不平等時,輪迴因果說流傳愈廣,像基督教的天堂地獄說一樣,麻醉著在社會變革中苦不堪言的平民百姓。為了進一步解釋六道輪迴,「十二緣起」被提出,但現今人們對其含義仍然莫衷一是。「苦、集、滅、道」四諦是佛教教義的概括,最後彙集為一點,就是人的當世是苦的,而要擺脫今日之苦,唯有修行為善,靜待來世。這種消極的滅世觀念對於任何一個社會人來說,都能有所安慰,並為他們找到精神解脫。

孔子生於動盪的春秋末期,時值周室衰微,諸侯稱霸,維護封建宗法等級制度的《周禮》被嚴重破壞。這也使當時的知識分子異常活躍,形成百家爭鳴的局面,而在此之中,以孔子為代表的儒家學派脫穎而出。而儒學在漢武帝「罷黜百家,獨尊儒術」後,成為中國近兩千年來的思想主流。

面對禮崩樂壞的局面,孔子力圖重建禮樂秩序,是一名維護者;面對流離失所的百姓,他提出仁政思想,提倡輕徭薄賦,抨擊暴政;面對當時深刻複雜的社

Before the Rise of Machines
從智人到 AlphaGo
機器崛起前傳，人工智慧的起點

會現實，他選擇積極入世，尋求改變。孔子對於中國文化的貢獻，就在於其試圖將原有的制度理論化。

交流是認知膜的碰撞

圖 18-3　孔子對人終極的關懷體現在安排社會現實上

無論是孔子試圖將當時制度理論化，還是其正名主義，都是為了滿足自我肯定需求，即正名當時崩壞的禮制，並使他人信服，恢復社會穩定。正因如此，儒學才成為日後統治者主導人民思想的不二之選。

無論是孔子倡導的「有所為」，還是後來荀子提出的「人定勝天」，都強調了人在尊重自然和現實社會的同時，應當積極地有所作為，而這種積極的倡導，正是千百年來中國知識分子立志的起源。儒家學派還首次在中國歷史上提出了「聖人」的目標，希望人能夠增進個人品德與才能的修練，以達到聖人的標準，這個聖人是智者與仁者的統一，而這個目標一直引導中國哲學的發展。孔子及其弟子對制度和禮教的堅持，影響了當時的社會，而其倫理綱常之說，最終成為中國古代思想的主流，滲透到生活中的各方面，至今影響著華人社會。

與猶太教相同，儒學也形成於生靈塗炭之時，其創始人和最初的信徒也都曾跋山涉水，其思想內涵最終也成為中華民族認知膜中不可或缺的一部分。但與猶

第四部分 「孟母三遷」
第十八章 立志與勵志

太教不同的是，儒學後來成為統治階級管理國家的工具，並在政權更替、思想變革時歷經跌宕起伏，而猶太教一直是猶太民族團結的紐帶和自尊根源，被用於抵禦外辱，並被一直堅定地信奉。

儒學演化到後期，吸取了道家和佛教中觀點，對宇宙和自我有了全新的認識，其中，王陽明便是中國史上儒釋道的集大成者，也是中國史上追求聖人的典型代表。王陽明追求所謂的聖人境界，其實也是一種人類追求神性的表現。西方追求的是永恆、自由、平等，而王陽明追求的是心靈的自由，追求的是所謂的「無善無惡心之體」，是一種超越二元論、單純的善惡存在，其心學的核心要義「致良知」，則探討了關於宇宙本源和道德意識的問題。這一切最終都通向一種心靈的自由，即所謂「圓融」的境界。

孔子也曾說過「從心所欲不踰矩」，說的都是人的自我意識逐漸向外延拓後，與外界的邊界逐漸模糊，最終彷彿和社會融為一體，一種自如的狀態，這樣的圓融在東方的社會價值觀念中，可謂是最高層次。在社會中來去自如，不僅打破現有的規則，甚至還超越了規則，而在其之上。這不同於西方社會中的上帝，但又有些相似，相似之處在於他們都具有超越性，不同之處在於上帝在西方價值觀中，是一種規則的制定者和裁決者的角色，俯視眾生；而達到圓融境界的聖人，依舊平視眾生，他只是在現有的社會規則中，實現了自我意識的延拓和自我超越，更具有普世價值。

由此，我們可以從軸心世紀各家學說的起源，一窺東西方哲學的差異。儒學的起點是人，它從人這一概念的關係構成開始，將家庭角色和社會關係作為完善道德的進入點。這當然與儒學誕生於禮崩樂壞的時代有關，儒學也因此與亞伯拉罕諸教截然不同。摩西是反叛的代表，他帶領猶太人出走埃及，流落四方的同時，其實也在找尋一個確定性，古希臘哲人孜孜以求的也正是真理，這兩者相互影響，最終演化出現在的西方文明。

其實從軸心世紀起，西方就確立了其對於確定性的追求（quest for certainty），他們或是追求唯一的真理，或是極力想要回到和了解那個原來（本源）。也正因如此，宗教有一個完美性、超越性的上帝，儘管在各家之言中，信

Before the Rise of Machines
從智人到 AlphaGo
機器崛起前傳，人工智慧的起點

眾的上帝並不盡相同，卻都是他們心中最完美崇高的至聖；而中國追求道，並不追求唯一的真理，無論是儒家追求的倫理綱常，還是老子所謂的自然之道，都是對當時社會變革方向的積極倡導。中國哲學的智慧，就在於要嘗試尋找能讓我們活得更加繁榮和自由的「道」。西方作為 truth seekers（真理探索者）和東方 way seekers（「道」探索者），從軸心世紀起就有相當大的差異，也正是這個根本性的差異，導致後來東西方文明的發展軌跡不同。

歐亞大陸上，北緯二十五度到三十五度之間的這些地區，因為地理因素最先展開農業革命，繼而最先產生農耕文明，同時期源起於附近農耕文明的商業文明也日漸興盛。軸心世紀恰恰處於這些文明已相對發達的時期，社會變革伴隨著的社會階級分化與國家或部落之間的衝突，使生活在底層的百姓開始尋找信仰，才誕生了猶太教和佛教；社會中的知識分子目睹社會變革，開始積極為社會國家尋找良方，催生了先秦諸子的百家爭鳴和古希臘的思想繁榮。

這些精神、思想上的探索，其實就源於人們的自我肯定需求，對現實物質生活的深刻不滿，最終催生了人們在精神上尋求滿足，這或許也解釋了，為什麼無論是軸心世紀的佛教，還是後來的基督教，在其誕生之初，都流傳於底層的貧苦大眾之間，而且其教義都使人學會忍耐或心存慈悲，以祈求死後來世的幸福生活，更解釋了猶太教為何誕生於猶太人受壓迫之時，而儒家學說為何也強調積極入世，恪守「仁、義、禮、智、信」。

在少年立志的時代，自我肯定需求中對於神性的追求，就在這些價值體系中扎下深根，建構起人類最初的認知膜。這些概念將所謂的神和人類生活緊密地結合，形成了東西方兩個旗幟鮮明的發展路線，雖然在後期還經歷了一系列漫長的演化，並產生不同的分支，但從此生根發芽，潛移默化地影響了人類文明。

一神教對現代科學產生了深遠的影響，亞伯拉罕諸教的紛爭也一直持續到今天；佛教深刻影響了東南亞歷史；古希臘的思想繁榮在哲學史上留下輝煌的一頁；儒家思想作為中國的傳統思想，延續千年，其精華在今天仍生生不息。軸心世紀是人類文明中最偉大的思想精華起源時代，它作為東西方文明兩條發展路線的起點，深刻影響了後續的人類歷史。

第四部分 「孟母三遷」
第十八章 立志與勵志

軸心世紀作為人類「立德」的典範，標誌著人類的「自我意識」，正式從日復一日的生產生活中跳脫，轉而尋找存在的意義和價值。一方面，人類以更積極的姿態創造美好的生活；另一方面，精神導師作為先行者，以更加審慎的態度思考「自我」和「外界」。

這樣的思考，有的是在客觀層面上想要接近真相，認識世界，把握規律，如亞里斯多德的《物理學》；有的則是為「自我」在混亂的「外界」中尋找出路，如孔子和老子，都在尋找自己的「道」；有的則是為「自我」找到了存活於混亂「外界」中的意義和慰藉，如佛家的「六道輪迴」與基督的原罪。這些都是人類在劃分「自我」和「外界」時的嘗試，並且被歷史和當代證明都有意義。

那麼，歷史和當代還有沒有別的嘗試呢？當然有。前文也已經提到，人類思維的躍遷使這樣的嘗試充滿了各種可能。有些嘗試是建立在軸心世紀的基礎上，進一步劃分原有的體系，使其更加豐富和強化；有些體系因為內部分歧而分化，宗教改革後的英國新教徒和美國清教徒，成為各自國家認知膜的基礎；儒家雖然一脈相承，但也有程朱理學和陽明心學；佛教也有大乘小乘之分，東南亞各國也略有不同。有些則是另闢蹊徑，甚至走向邪路，要嘛不被社會主流認同，要嘛最終被歷史淹沒。

可以說，軸心世紀所產生的一系列概念，不僅為人類社會提供了一個出發點，也為人類社會指明了前進的方向，那些目標或許仍舊遙遙無期，但人類總是不斷試圖接近。我們仍然能夠看到軸心世紀建立的概念，在當今社會生生不息地被繼承，它們仍舊是諸多流派的核心，是人們行為的出發點，是認知膜的重要組成部分。

軸心世紀所建立的那個終極真相，以及對於神性的追求，仍然驅動著科學家不斷科學研究和探索；孔子雖然在中國幾經起落，但是孔子之道的核心早已融入民族精神和傳統美德，被時刻踐行；善和正義仍舊是教徒生活的方向標，被銘記在心。恰恰是這些最初建立起來的概念，提出後不久就得到許多人的認可，而且在經過千年的打磨之後，被烙印在人類認知膜的底層。

人類曾經也做出違背這些概念的嘗試，可是嘗試的結果都沒有持續，也被歷

Before the Rise of Machines
從智人到 AlphaGo
機器崛起前傳，人工智慧的起點

史證明是徹底的失敗，而每失敗一次，我們對這些概念的認識與珍視也更深刻，也明白了這些之所以會成為人類社會的目標不無道理。這些嘗試對歷史而言是必要的，正是經歷了歷史的洗禮，只有如「善良」和「正義」等概念，在與人類的血淚史對照時才顯得彌足珍貴，它們也一次次在人們心中強化；但對於未來而言，又是不必要的，因為人類已經吸取了足夠的教訓，應當更加審慎地對待未來。

經過本章的梳理，我們可以了解到，最初的兩河流域以及尼羅河流域的農業文明，逐漸演化出西方的宗教、科學和哲學體系；馬雅文明在拉丁美洲獨樹一幟；黃河和長江流域的華夏文明產生了諸子百家，其中最為典型的儒道兩教，與起源於印度河、恆河流域的印度文明中的佛教逐漸融合，形成儒釋道三教，共同影響中華文明的歷史，其中，明朝的王陽明是集大成者。（如圖 18-4 所示）

有意思的是，大約四五百年前，明朝的王陽明可以視為是成功將儒釋道融合起來的重要人物，而現代科學也在這個時期出現，現代科學從某種程度上來說，融合了一神教的精神。

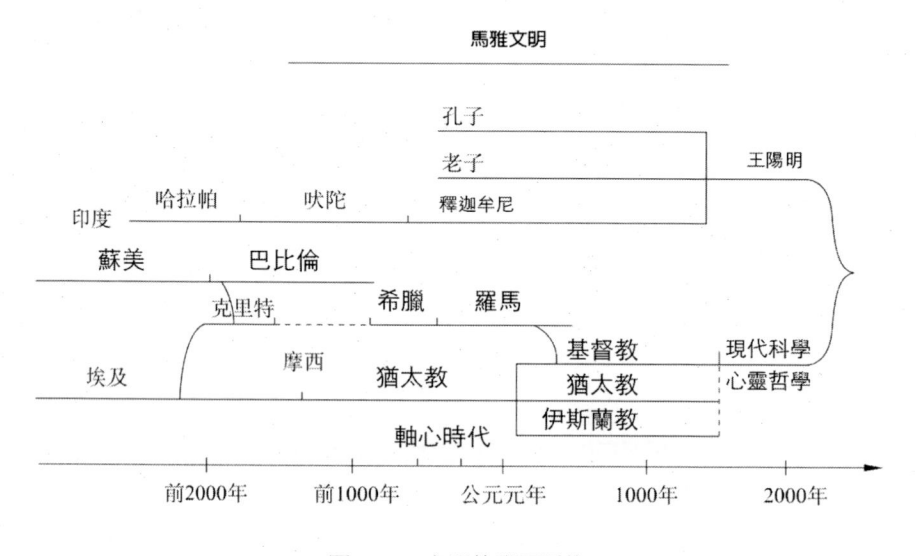

圖 18-4　文明的發展脈絡

針對人「從哪裡來」的問題，前文已經提供了答案；我們還要繼續回答，人「要到哪裡去」。人能夠做到的，是在不同時間尺度上對未來的預期與理想，也就是

第四部分 「孟母三遷」
第十八章 立志與勵志

「少年立志」。這種「立志」，我們相信自己能夠實現，即使實際上能夠達成的只有少數人。

這種對未來的理想，與社會達爾文主義以及奧地利經濟學派有明顯的區別。我們「立志」的內容，具有多時間尺度、多目標和多價值體系的特徵。由於人類會有自我肯定需求的「緊張狀態」，而這種緊張狀態驅使我們對未來做出更高的預期與判斷，並相信自己能夠實現，我們的所作所為、所思所想都是為了緩解緊張。我們對未來的預期與理想不是完全理性，然而也具有一定的合理性，這也正是我們之所以為人的重要特徵，並且能夠加速人類的演化。在前文已經討論過，如果只考慮「適者生存」的因素，對於演化而言不夠，「物競天擇」也意味著會有無數可能，且難以收斂；當然，不同理想之間肯定會有衝突，但不管是什麼理想，目的都是滿足自我肯定需求，緩解緊張狀態，不同理想之間的衝突與對立，從某種程度上說也推動了人類的演化。

宗教信仰算是時間尺度最長的理想，國家制度的時間尺度就沒有那麼長。「真理掌握在少數人手中」，真正進行探索的先驅者的確是少數人，而他們的探索與實踐漸漸被其他人理解、接納。當然，探索的過程也不會一帆風順，但好在滑動性的存在，使理想之光並不只一束，而有好幾個可以選擇的方向，這正是能保證人類不被帶進「溝」裡的重要因素。

現代科學由最初的幾大基礎學科交叉，逐漸前進到今日百花齊放，而其中進步最快的便屬電腦科學。目前，人工智慧的運算能力已經達到了相當出色的水準，最引人注目的，便是二〇一六年 Google 公司 AlphaGo 和韓國圍棋冠軍李世乭的對決，在這場比賽中，人們真正感受到了人工智慧的強大。可以預見在不久後的將來，人工智慧就會成為人類社會中舉足輕重的一分子，我們提出的疑問便是：人究竟該如何對待這個由我們一手締造的夥伴，人和機器終將走向何方？對此，我們提出了一種設想，即王陽明的圓融境界，可否和機器結合，共同促進人和機器的友好相處呢？

**Before the Rise of Machines
從智人到 AlphaGo**
機器崛起前傳，人工智慧的起點

第十九章 教與學的神奇

霍去病初次征戰，即率領八百驍騎深入敵境數百里，殺得匈奴四散逃竄。在兩次河西之戰中，霍去病大破匈奴，俘獲匈奴祭天金人，直取祁連山。在漠北之戰中，霍去病封狼居胥，大捷而歸。那麼，他是憑什麼在二十歲出頭，就能馳騁沙場立下赫赫戰功？

亞歷山大是歐洲歷史上最偉大的軍事天才，二十歲上位，在擔任馬其頓國王的短短十三年中，東征西討，在橫跨歐、亞的土地上，建立起了一個西起希臘、馬其頓，東到印度河流域，南臨尼羅河第一瀑布，北至藥殺水（中亞位於鹹海的錫爾河），以巴比倫為首都的龐大帝國。

他們年紀輕輕就取得巨大成就的原因並不神祕，因為他們的成功是「教出來」的。霍去病有衛青、漢武帝兩位「教練」，亞歷山大有父親和亞里斯多德的薰陶。「教練」雄心勃勃，很多事情在他們腦海中已經反覆推敲，他們在學生們很小的時候就傳授他們思想，只需要等他們長大成人實踐。

還有一類案例，比如武則天的大周、維多利亞時代和俄國的葉卡捷琳娜二世，歷史上的女皇帝本來就很少，而恰恰她們在位時，都呈現出一派非常繁榮的景象，這也是奇蹟嗎？其實我們可以發現，她們的前任統治者一定也是非常厲害的人物，因此她們有學習的對象，並且前任已經打下國家的根基，而她們只需在此基礎上穩步發展。

第四部分 「孟母三遷」
第十九章 教與學的神奇

　　這些案例，也說明了教育有巨大的力量，而在網際網路教育領域不明朗的環境下，全球的新型教育企業競爭日益激烈。

　　二〇一二年十一月，Google 的研究總監諾米格（Peter Novig）在史丹佛的一次演講中，分享了他對線上教育的感想以及開設線上公開課的經歷，指出幾百年來課堂教學所使用的技術，並沒有革命性的變化，並提到愛迪生曾在一九一三曾說「書本很快會被捨棄，取而代之的是透過動畫電影學習，未來的十年內，我們的教學體系將發生根本性的變化」，但這並沒有發生。實際上近一百年來，動畫、廣播、電視、影片媒體等媒體技術相繼湧現，教學上卻沒有革命性的改變；而諾米格認為，是因為這些技術都缺乏交互性（interaction），相比之下，個人電腦提供了交互的可能，能夠作為線上教育的基礎。

　　如今一些線上教育服務已經嶄露頭角，而能否引發教育革命，還有待觀察。我們認為，有效的學習應該是基於赫布理論（下文有較細節的解釋）的學習，即需要重複的學習刺激，並且在赫布型學習基礎上，學生需要感受到一定的學習壓力，才能更有效地學習。我們提倡採用分組學習的方式，營造線上教育的學習壓力環境，即將學習水準相近的學生分組，學生之間的競爭動力就會更為強烈，這是由於每個人都具有自我肯定需求，傾向於評價自己高於平均水準，這樣就會形成缺口，學生必須透過有效學習填補這個缺口，從而讓自己在相近水準的學習群組中，激發出競爭意識。

　　近幾年來，網際網路技術日益成熟，網際網路教育產品也以前所未有的速度湧現發展，已經運轉的項目有 edX、Coursera、Codecademy、可汗學院等。受制於體制、環境等因素，網際網路教育模式還處於起步階段，現有的網際網路教育服務並沒有帶來夠大的影響，探究背後的原因，主要有兩個方面：第一，當前的線上學習不能充分發揮赫布型學習的優勢；第二，學習的本質是一個涉及大腦神經網路的複雜過程，網際網路的教育環境需要提供足夠的壓力，促使這個過程發生，並不斷重複、深化。有效的線上教育必須尊重學生的個性，考慮到學生學習水準的差異。在真實的課堂中，可能存在很大的學習基礎差異，老師往往偏愛成績好、關注成績特別差的學生，而大多數成績位於中間水準的學生則容易被

Before the Rise of Machines
從智人到 AlphaGo
機器崛起前傳，人工智慧的起點

忽視，針對每一位學生的個性化教學難以落實。每一位學生都是一個有獨立思維的個體，其行為和思想的複雜性，可以用自我肯定需求理論分析解釋，即只要有可能，人對自己的評價一般會高於他所認知範圍內的平均水準，從而期望得到高於自己評估的份額需求。在網際網路教育中，就需要應用自我肯定需求，因為不論基礎好或不好的學生，都有肯定自我的需求，而優秀的網際網路教育，應該是根據每個學生的實際情況，找到適合他們的學習策略。

學習壓力，則是線上教育中更亟待解決的問題。其中極少部分出於興趣而學習的學生，對學習環境的壓力可能沒有過多要求；而對於大多數學生而言，尤其是對於經歷過填鴨式基礎教育的學生來說，有一定的學習壓力是有效學習的必要條件。絕大多數的網際網路教育，希望激發學生的學習興趣。這種做法的成效還有待考證，但期望透過「趣味遊戲」的方式，短時間內讓學生產生主動學習衝動的方法，並不是可靠的保障。

一個常見的社會現象，能夠證明學習壓力的必要性。不識字的人來到城市或相對發達的地區，即使他長時間、高頻率地接觸到各種文字資訊，比如電視雜誌、招牌廣告等，多年後他仍然不識字。由此可見，單方面發出學習資訊，不代表真正的學習，如果沒有學習壓力，或沒有主動學習的訴求，即使每天面對學習資訊也不能有效接收。

從大腦認知的角度來說，學習是大腦獲取外部資訊，並與大腦內部原有的資訊加工整合，成為新的、有意義資訊的過程。這個整合加工的過程十分複雜，為便於理解，我們可以分解這個複雜的過程，即一個相對完整的學習過程應該包括以下幾個環節：

（1）感覺器官獲取外部資訊；
（2）神經傳遞系統傳遞感官獲取到的資訊；
（3）內感官過濾傳遞進來的資訊，並形成注意；
（4）過濾後被注意到的資訊形成感覺及瞬間記憶；
（5）瞬間記憶的資訊經過一定條件的轉化，形成工作記憶；

第四部分 「孟母三遷」
第十九章 教與學的神奇

（6）工作記憶的資訊經過深加工，形成長期記憶。

在這個過程中，前兩個環節容易達成，從第三個環節開始，網際網路教育就必須透過製造一定的學習壓力，讓學生產生注意，進而形成瞬間記憶，然後再經過深化後轉化為工作記憶，乃至長期記憶，深化的步驟可以透過重複來完成，因此學習也可以簡化為，由壓力觸發學習刺激並反覆的過程。

赫布理論（Hebbian theory）描述了突觸可塑性的基本原理，即突觸前神經元對突觸後神經元持續重複的刺激，可以提高突觸傳遞效能。可以假定，反射活動的持續與重複，會導致神經元的穩定性持久性提升。當神經元 A 的軸突與神經元 B 很近，並參與了激起對 B 重複持續的興奮時，這兩個神經元或其中一個，便會發生某些生長過程或代謝，使 A 成為能使 B 興奮的細胞之一。這一理論，經常會被總結為「連在一起的神經元一起刺激」（Cells that fire together, wire together）。這可以解釋「聯想學習」（associative learning），在這種學習中，由重複刺激神經元，提高神經元之間的突觸強度，這樣的學習方法被稱為「赫布型學習」。要實現赫布型學習，關鍵就在於這種有效的重複刺激。一方面，一定的學習壓力能夠使大腦神經對知識產生反應；另一方面，一定的重複學習，才能使知識在大腦中形成記憶。

赫布理論在學習模型中已經得到一定的應用，在此基礎上我們進一步提出，線上教育採用赫布型學習，應當採取與學習壓力結合的方式，能夠產生更顯著的教學效果。在教學實踐中我們發現，一定的壓力對學習有積極的作用。以某競賽為例，在前三年的比賽中，有多支團隊參賽，並在每支團隊及項目成立初期，就讓各隊明白彼此間的競爭關係，結果某一團隊連續三年奪得冠軍，另有兩支團隊獲得二等獎，多支團隊獲得三等獎；第四年為管理便捷起見，將所有學生作為一支團隊申報，最終竟沒能進入複賽。透過學生不同的競賽結果我們得知，一方面，當競爭關係明確存在時，會有一種無形的壓力，促使他們希望在已知的團隊中，進入中上游水準，以作為能否有望得到獎項的重要參考指標，便能主動學習新知識、敢於解決問題，這種狀態對於學習非常有幫助；另一方面，當所有人處於合作關係時，他們便放鬆了競爭者之間應有的警惕，甚至出現依賴隊友、逃避職責、

得過且過的現象，由於缺乏學習壓力，學生精神鬆散，效率大打折扣。

　　網際網路有兩個效率特性，即「自動化」和「眾包」[14]，兩者都可以形成學習壓力，推動主動學習。比如開設一個論壇，就可以使學生的討論，不僅實現了「討論」，還提供了平台，即可以讓基礎好的學生「教授他人」；也不需教師反覆講解，學生可自行重複觀看影片；此外，作業批改也可以自動化解決，自動生成統計報告也非難事，這就為教師節省了大量時間。只要課程有搭配的線上工具，實現「人機交互」（自動化）和「人人交互」（眾包），線上課程的教學品質就能比單純的課程高。

　　我們認為，在網際網路的教學課堂中，「基於赫布理論的分組學習模式」，是形成學習壓力、促進學習的重要方法。在正式教學前，可以透過小測驗的形式，根據學生基礎水準的不同，將學習能力相近的學員劃分到相同網路課程，縮短學生之間的心理落差，每一組學生都能感受到公平的學習氛圍，而在自我肯定需求的作用下，他們都更傾向給自己高於平均值的評價，又期望在學習過程中得到高於自己評估的評價，能被他人認可，這樣形成的缺口，就需要透過有效學習來填補，學生就更容易產生對學習的主觀訴求。再加之一定的獎勵機制，線上學習就能形成競爭與學習壓力、促進有效學習，從而實現以小組為單位的整體進步。自我意識的一個外在表現，就是人格，人格的培養可以與知識學習同步進行。在教育過程中，應該盡可能多製造場景，滿足學生的自我肯定需求，既需要適當的鼓勵，又需要合理的壓力，這種壓力既包括老師與學生之間的壓力（要求），也包括學生與學生之間的壓力（競爭）。

　　由於成長環境差異，每個人的認知膜都不同，作為教師，應能容忍學生認知膜的差異。教師要有明確的角色意識，教學風格可以嚴謹也可以活潑，更重要的是，需要教師將自己的角色發揮到極致。教師應當意識到，學生的成長過程有些是跳躍式的，而非完全的漸進發展。鼓勵學生追求目標，應該需要經歷多級台階完成、有道德崇高感的長線目標。

14　眾包（crowdsourcing）是網際網路帶來的新生產組織形式，用來描述一種新的商業模式，即企業利用網際網路分配工作、發現創意或解決技術問題。

第四部分 「孟母三遷」
第十九章 教與學的神奇

再讓我們將目光轉向西元一一七五年的鵝湖之會。這次相會，朱熹和陸氏二兄弟有一場著名的辯論：朱熹主張「先博後約」，陸九淵主張「發明本心」、「先立乎其大」，以求頓悟，直指人心。朱以陸之教人為太簡，陸以朱之教人為支離，雙方的爭論至今沒有定論，到底哪方更勝一籌也是見仁見智。而今日的我們要問問自己，經過這八百多年的時間，看到了這麼多哲學家和教育學家的思考，到底有沒有什麼根本性的新發現，可以揭示「人如何成才」這個重要問題呢？

我們的結論是：鵝湖之會辯論中，有一處重要的遺漏，即一個人在五歲前的成長。無論是「先博後約」或是「發明本心」，都沒有意識到，這個重要階段是人心靈成長的起點，是一個奇蹟。而這個奇蹟怎麼來，對於人工智慧、教育而言都是一個重要的問題。

人人都是語言神童，我們也知道有音樂神童（如莫扎特）、數學神童等等。之所以能被稱為神童，是因為這些孩子有超乎常人的技藝，莫扎特在音樂上的地位可以說是難以超越，而且他的才能在很小的時候就已經表現出來，這種現象我們該如何解釋？一方面，莫扎特的父母並無超乎常人之處，所以基因遺傳無法解釋；另一方面，如果僅憑後天努力，也有很多人用心學習，卻也不能企及莫扎特的高度。嬰孩學習語言也是一個例子，他們從出生到三歲，就基本掌握了母語，能與大人溝通，這種現象哪怕在語言學家眼裡，也非常神奇。

語言的習得不太可能是遺傳所致，因為比如，只會說中文的父母生了小孩，如果一開始就送到英文環境中，那麼小孩學會的一定是英語，反過來也一樣；還有一點是，我們學習母語異常神速，但學習第二語言就非常慢，這點我們大多數人在學習英語的時候都有所體會。這種強烈的對比從何而來？我們認為答案就在於，學習母語的時候，我們有非常強烈的需求，向外界表達自己，這種強烈的需求驅使我們迅速學習語言。理解神童現象的關鍵點也在這裡，對於極少部分的小孩而言，他們一開始就對音樂、數字或者色彩等非常敏感，他們是透過這些方式表達「自我」，因而在這些方面就會表現出超乎常人的敏感度，逐漸形成能力。每一個人都曾經是神童，只不過大多數人都表現為學習母語。

Before the Rise of Machines
從智人到 AlphaGo
機器崛起前傳，人工智慧的起點

圖 19-1　五歲前的經歷決定不同類型的神童

雖然對於個人而言，學習母語只用了兩三年，但在人類演化史上，大約十萬年前才產生語言，「軸心世紀」大約產生於兩千五百年前，持續了約幾百年，現代科學發跡於約四百年前，而電腦技術在短短幾十年間，已經讓人類世界翻天覆地。將這些事件放在同一個座標系，我們發現：離現在越近的標誌性事件，時間間隔越短。然而對於個人而言，我們學習母語是兩三年，學習孔孟之道可能需要十年，學習科學技術則需要更長的時間，也就是說，學習越靠近現在的知識能力，該知識所需要的發展時間越長。

鵝湖之會討論的，是五歲以後已經具備一定基礎意識的小孩，而他們忽略了五歲前的階段，其實是更重要的時期，比如已經有實驗證明，人到五歲的時候，性格基本上已經確定。將孩子與電腦對比，孩子能夠很容易區分不同的杯子、蘋果和小狗，但電腦則需要大量的樣本訓練，識別效果也不是盡如人意。這類常識性的內容對小孩很容易掌握，但對於機器而言始終難以克服。從這點出發，就能理解人類智慧和現存人工智慧的根本差別。

第四部分 「孟母三遷」
第十九章 教與學的神奇

針對五歲以後的小孩而言，朱熹的言論相較於二陸的觀點有些偏頗，他認為心是空的，可以放進很多內容，然後提煉出本質。但實際上，小孩在五歲之前，心中已經有很多內容，並非空白。在這種情況下，二陸的主張反而更接近真實。母語和神童的例子也說明了一點，與「自我意識」成長相關的學習，實際上非常快且自然而然。

從「觸覺大腦假說」的角度看，這是一個很順理成章的推論，因為人類意識的起點就是對「自我」與「外界」的二分。人認知的動力就來自於不斷探索「自我」是什麼，還要清楚與「自我」相交互的這個世界是什麼。在這個過程中，人就會賦予「自我」和「外界」非常多的意義，包括宗教、道德、哲學的意義等等。這些意義，包括「自我」，從物理世界的角度看並不存在，但我們作為有生命的個體，都會認為「自我」可以存在，並且其他個體也會同意這個觀點，也就是「自我」被實質化了。生命個體透過理解意義，按照這個方式行動，最終就很可能會改變實際的物理世界。我們可以將「自我意識」視為一種非常主動的力量，是從人類演化中湧現的，從物理視角看是虛幻的，但最終又能夠真的改變物理世界，可見，它是在緩慢而堅定地引導「自我」還有世界的演化。

個人在快速習得人類透過漫長時間演化而來的能力時，這個過程可以視為是「天人合一」的案例。中國哲學對「天人合一」有不同的理解，我們遵從孔子的「從心所欲不踰矩」。在我們看來，「人」就是具備自我意識（或者自由意志、靈魂）的個體，「天」就是物理世界（自然界），可以視為沒有自我意識。這裡的「天人合一」，指人的自我意識與物理世界之間相互匯通，透過改造認知膜，不斷完善自我。

這裡的「人」或者說「自我意識」占主導地位，而自然界或這個世界處於被動地位。這與佛家的「去我執」不同，與道家的「無為」也不一樣。當我們探索並發現自然規律，或者創造出很多前所未有的概念（比如「仁」「愛」等）時，我們「天人合一」，這種「天人合一」也必然與我們「自我意識」的成長相關。在我們五歲之前，有很多「天人合一」的場景發生，從而使我們能夠快速習得很多重要的能力，那在五歲之後，「天人合一」還有可能發生嗎？這對於教育有非

Before the Rise of Machines
從智人到 AlphaGo
機器崛起前傳，人工智慧的起點

常重要的意義。我們認為是有可能的，比如一些大學問家或成功人士，不管是立功、立言還是立德，他們就常常處於「天人合一」的狀態，我們可以發現他們往往具備好奇心，個性率性天真，並能有新的發現或發明。

天人合一比演化還要再複雜一些。當人認為自己能夠馭風而行，按照自己的主觀意識影響、改變世界的時候，這件事本身不分善惡，當然，惡人作惡也可能達到天人合一的境界。究竟是善還是惡，很多情況下要到很晚的時候才能真正判斷。對天人合一本身，我們並不做價值判斷，我們主要是從自我成長、與外界的關係這一角度來討論。「天行健，君子以自強不息」，我們認為這是祖先很好的觀察。天人合一講的是自我意識與自然界的關係，而不是一個自我意識與另一個自我意識之間的關係，這可以是國家層面，也可以是群體的或者個人的自我意識，研究不同自我意識之間的關係需要花費很多精力。在軸心世紀提出了幾大價值體系，比如孔子提出的「仁／君子」，西方的一神論，還有釋迦牟尼的「佛／真如」，這些內容從物理世界的角度來看都不真實，但它們影響了人類的演化，從而成為宇宙中實實在在的一部分。

我們認為，天人合一並不是一個終極點，而是一種過程。在這個過程中，「自我」不斷成長，並且在與世界的關係中處於主動地位。人類發明汽車、飛機，並按照自己的主觀意識駕駛的時候，就可以視為是天人合一。再如孔子的「從心所欲不踰矩」、武俠小說的「人劍合一」、NBA 比賽中麥迪最後神奇的三十五秒等等，也都是天人合一。在這些過程中，我們的自我意識得到延伸。雖然自我意識的起點在皮膚和觸覺上，但其延伸會遠遠超過這個範圍，在哲學家看來可以「至大無外」。

既然如此，人出生時是否會有本質的不同？我們認為，在人出生之前，胚胎之間的差異其實很小。雖然基因的差異會導致小孩的外貌、身材不同，但就心靈而言，更大的不同是在出生之後產生。人在出生時，大腦細胞的數量基本上已確定，之後變化並不大，增加的是細胞之間的連接以及連接強度，這個過程到五歲已基本完成。我們應該可以找到很多證據，比如同卵雙胞胎的基因幾乎一樣，成長環境也幾乎一致，但他們的性情是否完全一樣呢？很多情況下並不是，這個現

第四部分 「孟母三遷」
第十九章 教與學的神奇

象,我們認為可以從自我肯定需求的角度理解。一開始可能出現一點細小的差別,比如一個人數學好一點,另一個人文學好一點,那麼兩個人很可能就會朝著各自的方向努力,最終差異就很明顯。如果將雙胞胎分開撫養,他們的性情可能反而更加接近。我們想強調的是五歲前的重要性,以往的教育對這一階段的干預並不夠,朱熹、二陸也忽略了這一時期,但現在我們已經開始逐漸重視。

關於聖賢,似乎不會認同自我肯定需求中「人對自己的評價,一般高於他所認知範圍內的平均水準,因而他更希望在分配環節得到高於自己評估的份額」。一方面,我們當時定義自我肯定需求,主要是針對國家層面討論,也適用於普通人,但我們很難找到一個全面的定義,我們也不會試圖這樣定義;另一方面,人並非生來就是聖賢,而是逐漸修練演化而來,且各人的價值體系不同,在聖賢的價值體系中,他們是否認為自己強於其他人,這點我相信是肯定的。比如佛學中提倡「去我執」、「四大皆空」,那麼在這一套價值體系中,也要講究誰的理解更深更透,有「四禪八定」的狀態,有高下之分。

那麼生活中那些絕望消沉的人,是否就沒有自我肯定需求呢?我們認為,一個自卑的人也有自我肯定需求,只是他的需求無法被滿足,變得越來越自卑,甚至價值體系也扭曲,透過比較,發現自己比別人差,從而證明對自己的判斷是正確的。自我肯定需求與認知膜可能失去效用,比如一些街頭流浪者,他們的認知膜可以說是破碎的。

透過這些年與學生的交流,我們發現:如果一名學生對某件事情很感興趣,那麼他做事的效率是正常情況的十倍,而如果他很不情願地被推著做事,那麼他的效率則是正常情況的十分之一,也就是說兩者間的差距是一百倍,這種差距的本質在於,對於高效率的情況而言,他在做事的過程中,自我意識也綁定在一起成長,自我肯定需求被滿足。教育不只是為了傳授很多知識,而是要啟發學生,學習對自身成長、對自我意識的重要性。有一些老師或者教練可以做到,心學強調的也是這一塊。當然,有的人令人感覺很敏銳,有的人則讓人覺得有些愚鈍,但我們不能就此將他們劃分為兩種人。人人都有自我肯定需求,只是對於看似愚鈍的人來說,還沒有找到可以觸發他們自我快速成長的那個點,「因材施教」有

Before the Rise of Machines
從智人到 AlphaGo
機器崛起前傳，人工智慧的起點

很深厚的學問在其中。「感興趣」並不是一件簡單的事情，而是與自我意識的成長、心靈的塑造息息相關，比如愛因斯坦等人，在描述自身經歷的時候，就非常強調這一點。

曾國藩總結自己一生時，曾講過「不信書，信運氣」，而對此的解讀是：世界很複雜，我們應該保持敬畏。筆者至今仍然記得，大學讀《拿破崙傳》時，曾讀到拿破崙說「我寧可相信運氣而獲勝，而不是因為勇敢而獲勝」。從自我肯定需求理論來看，運氣的好壞對應於四種財富湧現（學習與自主創新、外部獲取、透支未來、崩潰後再出發）是否充足，如果一種都沒有，就說明運氣確實很不好。成功很多時候不是靠書本的知識經驗，而是那些被歸結為所謂「氣數」的因素。自我肯定需求的統一框架，對個人、組織和國家都成立，有了這個支點，就能夠有穿透力地分析人類行為，當然也就能夠洞察「氣數」。

我們看到的很多成功人士，不一定是最聰明的，但一定意志力很堅定、內心很強大，而他們是在克服一件件事情的基礎上，逐漸達到強大。在成功的路上，一個人的判斷力會變得更強、敏銳度更高，因而更容易成功，運氣也就顯得更好。對一家公司而言，也要從自我肯定需求的財富湧現出發，而不是從傳統哲學中的「物極必反」來看，因為我們無法確定一家公司的財富累積，要到什麼程度才算是到了「極」點。從自我肯定需求的角度分析，應該看公司內部凝聚力如何、公司產品還有沒有市場前景、企業文化還有沒有可持續性等方面。

聖吉提出「五項修練」，但如果一味按照這五項修練肯定不行。如果公司步入了擴張階段，財富湧現較充足，自我肯定需求能夠適當得到滿足，那麼修練自然有效，反之則不然。比如 SONY 公司在一九八〇年代，其 KPI 管理方式曾是眾多企業的學習對象；但到了今天，彷彿這些管理方式有錯，外界甚至開始評判說，正是因為 KPI 管理方式，才導致 SONY 今天衰落。從自我肯定需求的角度我們能夠看到真正的原因，即財富湧現方式改變、認知膜扭曲，公司領導層和員工的自我肯定需求無法被滿足，當年的主角精神不再，畏首畏尾，才導致產品常常「運氣不好」。

第四部分 「孟母三遷」
第二十章 美學與認知膜

第二十章 美學與認知膜

　　哲學體系不斷解釋美的產生和審美行為，這個過程逐漸將人的理性、感性、經驗、實踐推向更重要的地位，試圖回答兩個問題：「美」如何被創造？「美」為什麼可以被理解和傳播？其答案並未統一。我們認為：審美活動，本質上是人類智慧的一部分，是人類賦予事物意義過程的高級階段。因而從人類認知的角度出發，是理解「美」的重要途徑。

　　在西方文明的源頭，美與善同義。亞里斯多德在《修辭學》中，對「美」的定義為：「美是一種善。其所以引起快感，正因為它善。」古典主義認為「美在形式」；新柏拉圖主義和理性主義認為「美即完善」；英國經驗主義認為「美感即快感，美即生活經驗中的愉快」；德國古典美學認為「美在於理性內容，表現於感性形式」。

　　在中國，《說文解字》中說：「羊大為美。美，甘也，从羊从大。羊在六畜，主給膳也。」又說：「美與善同義。」先秦孔子將美定義為「仁」，即人性自覺和愛人精神；孟子強調人的精神道德力量；荀子強調人以精神征服外在自然道德。

　　從美學起源來看，東西方都將「美」的創造和人性實現結合。後來人類對「美」的思考，又經歷了唯心和唯物、先驗和經驗等分野，出現較大分歧。我們嘗試引入「自我肯定需求」這一體系，從認知的角度理解美的產生，從而揭開「美」的神祕性，從認知的角度解構「美」這一人類認知產物，以消解哲學理論

Before the Rise of Machines
從智人到 AlphaGo
機器崛起前傳，人工智慧的起點

中的美學分歧。

西方美學思想沿著柏拉圖和亞里斯多德兩條對立的路線發展，柏拉圖走唯心主義，亞里斯多德走唯物主義。從後來的影響來看，浪漫主義側重於柏拉圖和朗基努斯，古典主義和現實主義側重於亞里斯多德和賀拉斯。從本質上看，都是試圖調和美這種創造行為產物的神祕性和現實性。康德代表了哲學史從本體論轉向認識論，區分了現象與實存，從而否定了本體論證明的可能性；他又提出從自然神學向道德神學的轉化，認為只有在道德實踐的基礎上，才能樹立或者假設一個最高存在，從而推導出人的終極目的，也就是實現最高的善。此時人「主觀的合目的性」與「自然的合目的性」對應，其中，美和崇高影響感性和理性，有仲介的作用。康德分析了其中人的各種基本能力，並認為這些能力是先驗的，形成了他的先驗美學。

康德和黑格爾看到了，人建立自然或者說環境的概念，影響了美的產生，但忽視了經驗的實踐，是透過人與概念交互從而實現創造的有效過程；而杜威僅僅將概念作為一種背景，將形而上學的內容剔除，而將經驗作為解釋美學產生的主體，抓住了美本質的實踐基礎，卻將概念創造體系、「美」產生最神祕的過程封存。

是什麼推動人對事物的認知，從物理屬性升級到功利屬性，最終又跳脫功利屬性，形成審美屬性？我們認為，這個過程和人類賦予事物意義同步，而概念的產生是一個重要途徑。賦予事物美的屬性，本質上是人類智慧的一大進步。這一進步，是透過人類勞動經驗的累積，從賦予事物物理屬性、功利屬性，走向更高層次的智慧。

在人類賦予事物意義的過程中，又是何種力量推動人在實踐和勞動過程中，賦予事物功利屬性以外的其他意義呢？我們認為，是自我肯定需求推動人賦予事物意義的過程，透過自我意識的擴張，將更多新意義賦予事物，美就在這個智慧提升的過程中被創造出來。

馬克思認為，勞動既是人滿足自身生存所需要的活動，同時又與動物活動不同，人的活動是有意識、有目的改造自然的創造性活動，因而是一種能夠從自然

第四部分 「孟母三遷」
第二十章 美學與認知膜

中取得自由的活動。正因為人的勞動實踐及其產品，在滿足人類的生存需要之外，又能引起一種由於看到自己創造自由，而產生精神快感，這是理解美如何產生的重要基礎，也是最神祕的部分，即人如何創造、又如何認知自身的創造行為。

如果從人認知本源的角度理解美的產生，將能夠消解「美」這一人類創造性產物的神祕性和現實性爭論。我們認為，人的認知本源是自我肯定偏向，而由自我肯定產生人的剛性需求——自我肯定需求，這是確立人存在的基本條件。只要有可能，人對自己的評價一般高於他所認知範圍內的平均水準，在分配環節希望得到高於自己評估的份額。這一需求，是理解人創造行為的關鍵，對於「美」這一創造性產物來說，也不例外。

「美」本質上是人基於現實環境產生的創造行為。在目前的美學框架下，這一判斷並不能一致，而從觸覺大腦假說的角度看，卻能夠得到統一的解釋。「美」的產生和「概念」、「意義」的產生，甚至人類語言的產生，從認知的角度看，沒有本質上的不同，都可以近似地視為人對自然環境和社會環境的建模。這種建模伴隨著「自我意識」產生，一切認知的基礎都建立在「自我」和「外界」的劃分之上，「美」的概念也是這一劃分迭代的產物。這種認知，使人類個體一方面和客觀世界積極交互，另一方面以各種形式確立自我的存在，才能使海德格描述的「自我存在」實現。確立自我存在的方式，就是在自我肯定需求的推動下，不斷和世界互動，並且透過反饋尋求自我邊界的確立和膨脹。

「美」這種人類的創造性產物並不神祕。人在面對客觀世界時，正因為自我肯定需求的產生，所以創造出那些原本不存在的概念和認知對象，打破物質世界的局限，並且反過來進一步確立了自我的存在。從本質上看，「美」的產生，來源於每一個個體自我存在的需要，是每個人的自我延伸。自我肯定需求使那些抽象、虛擬的對象附著在自我範疇中，豐富了自我意識並不斷擴展。

「美」的產生，具有個體屬性，因而呈現出多樣性。這是因為「自我」確立後，產生了自我肯定需求，又在自我肯定需求的推動下，個體都在試圖擴張「自我」邊界。這個過程能夠得到的物質資源相對有限，所以個體又會創造出豐富的「概念」體系，甚至以此改造世界，從思維和認知的層面滿足自我肯定需求，豐富自

己的認知膜。而選擇有別於他人的方式滿足自我肯定需求，是個體擴張「自我」邊界的有效方式。

「美」的產生，是一種持續的湧現，因為自我肯定需求恆存在，甚至成為「自我意識」的保護要素，同時伴隨著思維的躍遷，人的創造行為就不會停滯。在其推動下，「自我邊界」持續擴張，一個人的成長過程，正是將不理解的對象吸收到「自我」範疇中，不斷豐富「自我」範疇，甚至還會創造出本不存在的概念對象，並將此吸附和納入到「自我」中，在這個動態的過程中確立「自我」的存在。

「美」的習得和傳播，依靠認知膜。因為自我肯定需求和思維的躍遷，所以人能夠創造出可見或並不可見的概念。人確信概念的存在，從而使人在與複雜環境的交互中不斷強化「自我意識」，以累積和沉澱經驗。思維的躍遷和自我肯定需求共同推動概念產生，更重要的是，還會推動人堅實地活在現實中，追求已經存在和並不存在的概念目標，強化「自我意識」。這些抽象的概念構成了人類的認知膜，豐富了「自我意識」。人類透過這層媒介與外部世界交流，不斷地從外部獲取更多知識，同時又創造出更多原本不存在的東西，改變我們對這個世界的認知。這樣，認知膜就被不斷擴張，並且在人們的追求過程中不斷修正，認知膜變化的過程，正是人類文明進步的縮影。

前文也提到，概念本質上是認知膜的投射點，自我本質上是認知膜的整體投射。人在現實中向概念靠近的過程，本質上是自我向認知膜全體融合與擴張的過程，智慧在這個過程中不斷提高，與美的產生是一個同步同源的過程，美在經驗、創造行為中被不斷創造出來。美的習得，是在特定的認知膜融合條件下，個體向認知膜上的一個或一組投射點靠近，吸收其附著物。而美的傳播，本質上是受到了一個族群認知膜的偏好作用，在特定文化背景下，使價值偏好在認知膜內高效率同化。

第四部分 「孟母三遷」
第二十章 美學與認知膜

第五部分
如如走天涯

Before the Rise of Machines
從智人到 AlphaGo
機器崛起前傳，人工智慧的起點

第五部分 如如走天涯
第二十章 美學與認知膜

　　浩瀚星辰，山川河海，千百年來，人類在宇宙中尋尋覓覓。從身邊的土地森林，到地球之外的寂靜與荒蕪，人類不停地了解生命的奧祕，尋找全知全能者的遺蹟。我們在物理世界中探索真知，在精神世界中求得解脫，驀然回首，卻發現自己早已站在了智慧金字塔的頂端。

　　回首生命的歷史，無數個碳鏈曾在千百萬年前的炙烤中隨機碰撞，當耗散系統意外形成細胞膜，生命真正地誕生了；當生命開始區分出自身和外界，生命開始有了選擇；當生命開始利用外界遮風避雨，生命從此不再孱弱；當人類學會生產，放棄野蠻，生命從此不再漂泊。也許只是某個瞬間，一次次偶然堆疊到一起，智慧的演化就成了必然；也許歷經千辛萬苦，一次次靈感與現實的碰撞最終擦出了文明的火花，人類社會走到了今天。

　　仰望星空，人類從那無盡的宇宙中，看到了自己的渺小，可內心的充盈與豐富也讓我們看到了人類的偉大。「自我」只是蒼茫中的一隻蜉蝣，它孤獨、弱小，受制於物理世界的羈絆；可「自我」又是靜謐中一束明亮的光，它能極致成一種信仰，也能穿透黑暗，帶著羈絆的鐐銬輕盈地飛舞。

　　千百年來，無數個「自我」就在這個光怪陸離中碰撞、相識，如點點繁星。細數，顆顆都閃耀著獨特的光芒；匯聚，一同閃耀著的人性之光，照亮了人類漫漫的歷史長河。

　　五十年前，馬丁路德·金向世界描繪了黑人和白人攜手並進的浪漫圖景。

　　今天的世界，比以前更美好，也比以前充滿了更多的可能。

　　人和機器都在逐漸地成長，人工智慧的發展為我們帶來了無盡的想像。

　　人與人、人與機器在未來將如何相處？

　　又該走向何方？

Before the Rise of Machines
從智人到 AlphaGo
機器崛起前傳，人工智慧的起點

第二十一章 思維規律

　　萊布尼茲在三百年前就試圖用「單子」（monad）描述物質世界中精神的神聖存在。萊布尼茲通曉古希臘羅馬哲學、經院哲學，他認為無論是古希臘羅馬哲學家，還是笛卡兒、史賓諾沙、培根、洛克等人，都沒有解決「一」與「多」這一哲學家始終困擾的問題。德謨克利特認為，原子是構成萬物的不可再分物質實體。而在萊布尼茲看來，作為物質實體的原子無論多小，都是空間的一部分，而占有空間一部分的東西必定可分，而可分的東西必定由部分組成，所以不可能是終極的實在。因此萊布尼茲指出：萬物由原子構成，但不是德謨克利特所說的物質的原子，而是精神原子，萊布尼茲稱之為「單子」。

　　三百年過去了，科學技術的發展，使我們對物理世界的理解與萊布尼茲時代大相逕庭，人類對自身的認知也更為深入。我們是否仍然能用一個抽象而簡明的概念，理解人類精神世界的存在呢？我們認為可以，答案就是「認知坎陷」。

　　認知坎陷（cognitive attractor），是指對於認知主體具有一致性、在認知主體之間可用來交流的一個結構體。前文提到的可感受特質（qualia）就是一種初級坎陷，同時前面幾部分提到的自我意識、概念、範疇、理論、信仰，或國家意識等結構體，都可以抽象為坎陷。財富、美學、遊戲在現代生活中，扮演著越來越重要的角色，它們也是不同的認知坎陷。

　　我們採用「坎陷」二字，是受到非線性動力學系統中「吸子」（attractor

第五部分 如如走天涯

第二十一章 思維規律

以及牟宗三「良知坎陷」的啟發。坎陷原指低窪之地，比如明朝蔣一葵的《長安客話·景皇陵》：「景皇陵在金山口，距西山不十里。陵前坎陷，樹多白楊及椿。」儘管人類的思維十分複雜，我們仍能夠透過「坎陷」抓住思維的主要特徵。

　　非線性動力學系統的演化非常複雜，例如，三體問題（天體力學中的基本力學模型）就會出現混沌現象。非線性系統難以準確解出方程式，且很多時候也沒有必要解出，因為只要掌握系統中最具特徵的部分——吸子，了解它們所控制的流，就足以定性分析該系統。一個系統往往有朝某個穩態發展的趨勢，這個穩態就叫做吸子。（如圖 21-1 所示）吸子分為平庸吸子和奇異吸子。平庸吸子又分為不動點（平衡）、極限環（週期運動）和整數維環面（概週期運動）三種模式。不屬於平庸吸子的都稱為奇異吸子，它反映的是混沌系統中非週期性的無序狀態。

圖 21-1　鐘擺的運動是一個簡單吸子

　　牟宗三提出良知坎陷，他認為聖人在形而上學的領域上升到一定境界，即實現了自我的圓滿與超越後，還是要回歸到普羅大眾中「普度眾生」或「兼濟天下」，而這顯然是一個擾亂純粹形而上學的坎陷（the tricked），與我們對坎陷（attractor）的定義不同。

　　牛頓三大定律講的是質點的三大定律，熱力學三大定律是關於宏觀物體的三大定律，而我們的三大定律討論的正是關於「坎陷」的三大定律。

　　在本書中，我們透過坎陷，在非線性系統和自我意識之間找到了一座橋樑，針對人類思維規律，能以坎陷來描述分析這個複雜的宇宙世界和自己。坎陷數學

Before the Rise of Machines
從智人到 AlphaGo
機器崛起前傳，人工智慧的起點

化更可能為人工智慧提供新的路徑。

「一個假說，三大定律」可以理解為坎陷在不同層面和階段的存在。

觸覺大腦假說：最原初的坎陷是「自我」和與之相對的「世界」。

認知坎陷第一定律：坎陷需要吸收別的坎陷來成長。

認知坎陷第二定律：坎陷之中可以「開」出新的坎陷。一個坎陷可以開出與之相對立的坎陷，也可以開出一對新的坎陷；兩個坎陷可以開出一個新的坎陷，它既不是兩個原有坎陷的交集，也不是兩個原有坎陷的並集。

認知坎陷第三定律：所有坎陷的集合構成坎陷世界，它不停成長、不斷完善。

一、原初──觸覺大腦假說

嬰兒出生時大腦約重三百七十克，腦重在三歲就已經接近成人，大腦內突觸數量在人五歲時就已經達到頂峰。在大腦快速發育階段，神經元在快速連接的同時，受到來自皮膚的強烈刺激，比如冷暖、疼痛等，這就使得嬰兒開始區分「自我」和「外界」的意識（即「原意識」，the proto-consciousness）。而原意識一旦產生，就難以被抹殺，它還可以透過個體間交流傳播。人與人之間能夠交流、人類能夠發現宇宙的規律性，這些都源於原意識。

自我意識以皮膚為開端，源於生命的觸覺系統。人類在演化過程中所獲得的敏感觸覺，使認知主體可以清晰地劃分世界，並封裝成「自我」與「外界」的二元模型。人類正是以此為起點，開啟了世界概念化的認知過程，逐漸形成可理解的信念和價值體系，以認知膜的形式進一步確立「自我」在認知上的「實存」。

這種關於「自我」和「外界」的劃分，逐漸演變成關於「自我」和「外界」的觀念，最終形成一個強自我意識。「自我」通常指的是內心，而非身體，既可以向外延伸，也可以向內收縮。隨著經驗的增多，「自我」與「外界」的邊界可能變化並模糊，此時，「自我」這一概念就可以脫離物理和現實的束縛而存在。也正因如此，原意識難以被發現。自我意識並不是一個先驗的存在，它是大自然的巔峰之作。

第五部分 如如走天涯
第二十一章 思維規律

二、汲取——認知坎陷第一定律

　　坎陷像是一個生命體,需要不斷從外界汲取坎陷,這就是一種自我肯定的傾向。在其驅使下,認知膜不斷透過「自我」與「外界」的區分,將所有觀念最終錨定在「自我」的觀念上,肯定「自我」的存在,如果沒有自我肯定性,沒有長期地接受外界的滋養,「自我」就會消散(disperse)。坎陷可以被記憶封存,且不會被抹去,更不會消減。它可能會隨著人的成長而不被注意或關注,但是不會真正的消亡。

認知坎陷

圖 21-2　認知坎陷

　　從誕生的那一刻起,我們就開始與世界建立千絲萬縷的聯繫,我們用世界觀照自己,又憑藉自己的意志影響世界。在這個交互的過程中,強自我意識不斷深化,會形成一個自我保護層,作用於「自我」與「外界」,即「認知膜」。像細胞膜保護細胞核一樣,認知膜有保護自我認知的作用,它一方面過濾外界的資訊,選取有益部分融入主體認知體系;另一方面在面對外界壓力時,主觀上縮小與對方的差距,使個體保持積極心態,朝成功努力。認知膜為主體的認知,提供了相對穩定的內部環境,確定了多個不同層面的「自我」的存在,如個人、團隊、企業乃至國家。個體的認知膜最終要能與集體乃至社會的認知膜相融,在融合的過

Before the Rise of Machines
從智人到 AlphaGo
機器崛起前傳，人工智慧的起點

程中互相豐富。

　　自我意識微妙的發端，使得個體從誕生之時起，就要不斷地探索，確證「自我」的存在。這種需求，最終使人對自己的評價略高於其所認知範圍內的平均水準，在分配環節他更希望得到高於自己評估的份額。我們將這種需求稱為自我肯定需求，這是人類一切個體和團隊生存、發展、滅亡、躍遷的底層邏輯，它既是人類發展的動力，也是人類社會諸多矛盾的起源。人要不斷地求知、求真，確立「自我」的實存。一個健康成長的人，能夠使自我肯定需求不停被適當的滿足，自如地應對「外界」。「自我」越來越強大，能夠包含的內容也越來越多，成長到一定階段，就可能達到一種超脫的狀態，實現所謂「從心所欲不踰矩」，即使受到在物理世界規律的約束，人依然能夠按照自己的意志行動，從「必然王國」走向「自由王國」。

　　智慧與「自我」是表象與內涵的關係，它們透過教育（學習）共同完善。因此教育的理想，應當是幫助每一名學習者培養其獨特的科學思維，張揚屬於自己的獨立個性，讓他們用自己的方式「圓融」生命。我們一方面要透過自省和學習，豐富「自我」的認知膜，讓自己擁有強大的內心應對風雨；另一方面要充分利用「外界」，讓自我意識充分的滋潤和成長。

三、開出──認知坎陷第二定律

　　人類大腦神經之間的連接龐大且複雜，人腦中約有一百四十億個腦細胞、一千億個神經元，和超過一百兆的突觸，數據儲存量可達1000TB（百萬兆字節），大腦神經結構的廣泛連接、大腦的活動中心（興奮回路），為人類智慧跨領域躍遷（slipperiness）的基本特性提供了物理基礎，表現為思維的易變性、跳躍性。躍遷性使自我意識能夠在與外界的交互過程中，不斷地反思、學習，進而完善認知膜，開出[15]善惡、仁義等更加豐富的信念、價值和知識體系。對於單純性的追求，也使認知膜能在逐漸豐富的過程中，不斷簡化自己的框架。

　　物理學中有一個非常重要的概念──「相變」，指的是物質從一種相轉變為

15　「開出」對應的英文可用 eriginate，該詞來源於喬伊斯（J. Joyce）。

第五部分 如如走天涯
第二十一章 思維規律

另一種相的過程，比如順磁性到鐵磁性的相變。組成順磁性物體的原子（離子或分子）的內殼層未被電子填滿，原子中存在磁矩，因其相互作用能遠小於熱運動能，磁矩的取向無規，材料不能自發磁化。隨著溫度的降低，原子間距減小，交換作用能增大。低於居禮點後，發生對稱性破缺[16]，材料整體產生自發磁矩，材料由順磁性變為鐵磁性。

認知的核心是「自我」，這是最根本的坎陷，在某個階段會「開」出「善」和「惡」，產生新的坎陷，這個過程與相變很相似，隨著思考的加深，對「自我」與「外界」的認知愈加深刻，原來的坎陷分裂，形成相變。之所以是「開」出而非「生」出，是因為「開」是坎陷的本身的能力，並且需要透過與外界交互而產生。「自我」也可以成對地開出其他的內容，比如「文」與「理」，「前」與「後」，「上」與「下」，等等，但不論開出什麼，這些內容都與「自我」掛鉤。我們所說的「自我」的連續性和一致性就是透過「自我」相互聯繫起來，只不過「自我」作為最原初的坎陷，在開出其他內容後可能就隱藏在背後，不容易被察覺，而是經常討論比如「善」和「惡」的概念，但在這些概念的背後一直都是「自我」。新的概念、創新都是按照這樣的原理開出來，並且開出來的內容又會反過來豐富原來的坎陷。

「自我」可以開出新內容，但這種開出不是野草蔓延似的隨意成長，而是由自我肯定需求和認知膜過濾或收斂，形成符合「自我」的內容，並成為「自我」的一部分。這個開出的過程是一個有機生長、具有理解意義的過程，而非簡單的堆砌。朱熹強調要不停累積再融會貫通，而二陸主張從一個根生發出來。從這個角度看，我們的理論與二陸更接近一些，而且朱熹的「存天理，滅人欲」在大方向上有誤。人欲可以理解為自我肯定需求，如果沒有人欲，沒有自我肯定需求，「自我」就會消散，就沒有了人的基本屬性。

儒家、佛教、基督的文化與信仰，也是從「自我」的坎陷一步步開出來，只是為了教化眾人，宗教信仰往往更加強調「善」的方面，而不是說「惡」不存在。

---

16 對稱性自發破缺指的是這樣一種情形：即一個物理系統的拉格朗日量具有某種對稱性，而基態卻不具有該對稱性。換句話說，體系的基態破缺了運動方程式所具有的對稱性。費米子是透過電弱統一理論中的規範對稱性自發破缺獲得質量的。

Before the Rise of Machines
從智人到 AlphaGo
機器崛起前傳，人工智慧的起點

《大乘起信論》中，有一個很重要的理論是「一心開二門」：「一心」是指我們的心；「二門」是指「真如門」和「生滅門」。真如門就是指覺悟，是心的純潔清淨狀態；生滅門就是迷惘，是念頭不斷流轉，不斷被慾望糾纏的狀態。一心開二門的意義，在於讓我們認清這樣一個道理：在覺悟的時候，我們擁有一顆清純的心，這是心的真如門；在迷失的時候，我們有一顆汙濁的心，這是心的生滅門。在人的一天乃至一生中，經常會在這兩扇門中流轉，一方面覺悟清醒，另一方面又難耐誘惑。

自我這個坎陷可以開出新的坎陷，但是自我這個坎陷依然存在。兩個人的自我意識可以相互理解和融合，兩個坎陷共同開出一個新的坎陷，這個新的坎陷既不是原來兩個坎陷的並集也不是交集。坎陷可以分裂，開出新的坎陷，而坎陷也可以被拉入一個更龐大的坎陷，形成一個新的框架，這就是我們認識世界的方式，也是思維規律最重要的發現。

自我意識會隨著人的成長和外界不斷交互，因而也會在人的學習和反思過程中不斷豐富，開出道德、仁義等信念和價值體系。這些體系構成新的養分滋養自我，影響世界，同時也會在後續的學習和反思中得到凝練和提升。

四、至臻──認知坎陷第三定律

人類的知識總和，作為一個最大的坎陷不停成長。人類財富的總值，會隨著全球經濟形勢而劇烈變動，但是人類知識的總和始終緩慢成長。歷史上也有過焚書坑儒和亞歷山大圖書館消失的慘劇，但知識還是經過口耳相傳和私藏的典籍，將精華傳承下來。核彈的製造在一開始也很困難，但是在美國成功造出核彈以後，各國製造核彈的速度加快，因為知識儲備大大提升。

人類認知的綜合是一個最大的坎陷，根據第三定律，坎陷的確在不斷成長，但是它是否真的趨近於至善，我們還不確定。哲學先賢認為這就是指向至善，如果大家都持有這樣的信念，坎陷的成長也的確可以指向至善了。

第五部分 如如走天涯
第二十一章 思維規律

五、選擇的空間和自由的可能

第一定律和第二定律的相互作用，產生了 attention 和 intention。自我意識即使作為獨立的主體也會受外界影響，影響的因素多且複雜，誰來篩選、如何篩選都是問題。我們主張，主體在處於當前情況之下，會有預期（anticipation），而不是單純被動地接收外界刺激。主體會將外界刺激，簡單分為預期之內和超出預期。對於預期之內的刺激，主體就按照既定的方式應對，而對於超出預期的，主體就會特別注意（pay attention）再做反應，我們可以定義 attention 為在主體預期之外的內容。

而 intention 是具有目的性的，其目的性源於主體對未來的規劃與預期，相比 attention 關注眼前的（current）刺激，intention 涉及的是更為長期的規劃，所以要理解 intention 必須考慮未來的內容。兩者的關係在於，intention 能夠非常主動地將 attention 集中到某些地方。在「天人合一」的狀態下，attention 看似比較分散，但外界對主體的刺激又都在掌握之中。強化學習中的獎勵機制，可以視為是外界給主體一個目標視作 intention，同時對於主體來說，能被視為獎勵，必定是超出其預期的內容，主體就要 pay attention。

Intentionality 是現象學中非常重要的概念，講的是人的意向性。意向性可以看作是因為自我肯定需求而產生。人要維持「自我意識」必須有自我肯定需求，而自我肯定需求就是意向性的根基，意向性可以多種多樣，但都要歸結到自我肯定需求。意向性具有時空的超越性，即人的願望可以超越時空。我們在前文討論過自由意志與鞍點的問題，意圖與自由意志也相關，從意向性的角度來看，雖然我們要接受物理世界的一些限制，但我們可以達成意圖的方式仍然有很多。

比如，我們想移動桌上的杯子，具體的動作有很多種選擇，可以用左手、右手，從上下、左右、前後等各個方向操作。這一系列動作可以在物理框架下分析。牛頓方程式討論粒子從A點運動到B點時，認為粒子一定會選作用量最小的路徑。費曼也將此應用到了量子力學中（費曼積分），認為量子從A點到B點有無限多種可能性，但量子之間會產生干擾，假如普朗克常數趨近於零，就變成古典路徑；假如不為零，路徑看起來就是量子雲的形態，並非唯一的軌域。

Before the Rise of Machines
從智人到 AlphaGo
機器崛起前傳，人工智慧的起點

我們要拿杯子也是從 A 點到 B 點，而且也可以有很多種路徑，但首先是明確 B 點，再來規劃具體的路徑。除去物理條件的約束，我們還可以有很多 B 點能夠選擇。對人而言，更重要的不是怎麼從 A 點到 B 點，而是如何選擇 B 點，即選擇哪個作為我們的目標，因此意向性比具體操作重要得多。人生立志也是一樣的道理。由於意向性和自由意志的作用，人類行為的自由度、可選擇性都勝過量子力學的現象，雖然我們達成意圖的具體操作，要滿足物理定律（會自動滿足），而不會超越時空，但總體的意圖可以超越時空。

六、「真理」是否可得？

我們最終要回答真理性的問題。過去提出的「神」、「絕對理念」、「絕對精神」等種種概念，是為了滿足人能夠追求某種「終極」目的的需求。一旦不存在「終極」，人類應該如何面對未來？真理的標準又在哪裡？我們認為，即便意向性有很多種可能，也不是所有意圖都會實現或者真的適合某個個體。

「孔子講仁，耶穌講愛，釋迦講悲。這些字眼都不是問題中的名詞，亦不是理論思辨中的概念。它們是『天地玄黃，首闢洪蒙』中的靈光、智慧。這靈光一出就永出，一現就永現了，它永遠照耀人間，溫暖人間。這靈光純一，是直接呈現的，沒有問題可言，亦不容置辯。它開出了學問，它本身不是學問；它開出了思辨，它本身不是思辨，它是創造的根源，文化的動力。」[17]

隨著自我意識的增強，人達到「天人合一」的境界，就更能體會宇宙、物質世界可能演化的方向，以及人在其中能夠發揮什麼作用，就能更準確深刻的理解這些問題，使自己不容易被帶進「溝」裡。

從 A 點到 B 點可以做得到（accessible），但也有「如何能省力做到」這個問題。社會中有很多人，不僅是個人，還有比如團隊、公司、國家、文化，等等，不同類型有不同的團隊結構。不論是個人還是群體，由於認知膜層級不同，可以分為很多種不同的類型（diversified），選擇的 B 點相應也不一樣，即便對同一個個體而言，在不同時間選擇的 B 點也不盡相同。一方面，選擇路徑時我們會在

---

[17] 牟宗三・五十自述・中國臺北：鵝湖出版社，1993 年版，第 48 頁．

第五部分 如如走天涯
第二十一章 思維規律

大範圍內搜尋，會考慮很多種可能，這樣就不容易錯過最佳解；另一方面，當我們有了願景（選擇了B點和路徑），我們就會盡量嘗試說服別人認同，那麼相應的優勢資源就可能聚攏而來，幫助我們達成目標。

軸心世紀的現象，也說明人類探索的可能性很多，相應的搜尋範圍很大，才不容易被帶進「溝」裡。這種對未來探索的方式，也可解決NP困難問題（NP即非確定性多項式，NP困難問題簡單來講，即是否存在一個多項式算法檢驗解），可能使演算法創新。雖然個人的智慧有限，但人與人之間會相互影響，整體上就會逐漸向正確的方向靠攏，並且由於自我肯定需求，不會完全集中到一點，而是呈現出比較分散的狀態，這也保證了所有人不會同時朝一個方向探索，出現集體掉進「溝」裡的情況。

《禮記·大學》有云：「大學之道，在明明德，在親民，在止於至善。」「至善」是人類一直追求的終極目標，體現在人們對上帝的信仰、對單純性的追求，或超越「天人合一」等。每個人對至善的具體內涵理解可能不一樣，但人們追求至善的腳步從未停下，這也是人類千萬年不斷取得進步的根本原因。

王守仁曾在《大學問》中談道：「天命之性，粹然至善，其靈昭不昧者，此其至善之發見，是乃明德之本體。」至善是人類社會構想出的一種絕對理念，前文提到的「終極」等概念，其實都是至善的一種體現。人之所以會不停追求至善，是因為人需要有絕對的精神和目標，而且這樣的目標也值得追求。至善不一定非要有一個明確的定義，就像我們談到的宇宙的本質、理念世界和絕對的上帝，本身也沒有一個確切的定義，但是人類需要去追求這樣的絕對，而且人們對至善的追求也是絕對的。無論是科學家不斷求解於數學物理，還是人們不斷探索宇宙世界，抑或是「軸心世紀」先賢超越時空的理念，都是人們在追求至善的道路上收穫的成果，這些文明的成果又作為我們前進的基石，不斷推動著我們離至善更進。人們或許永遠無法實現至善，或許也無法統一對至善的認識，但人類會離至善越來越近，也會在向前的道路上得到更多共識。

以上內容是理論中最基礎的部分，其他內容雖然不能完全透過邏輯推導，但已經變得容易理解。如果能製造出一個機器，具備「自我」的意識，將是革命性

的工程。

七、通往未來的人類神性

我們要承認底層的物理規律，更要明白人類能夠決定未來的走向，因此需要對自己的行為負責。我們能夠理解物理規律，並採取行動，進而影響未來。有哲學家提出，人的本質就是「神性」；而我們認為，神性就體現在人類可以是造物者（製造機器），可以決定未來。

在此基礎上看宗教會更清楚。道德與宗教，歸根結底還是來自於自我肯定，人類之所以能夠規範行為，是受了人類自我肯定的約束，有責任向好的方向發展。宗教也講「人人皆佛」、「人皆堯舜」，但這些更像斷言，與我們理論中可以推理得到的結果不同。

一個假說和三大定律的提出，都是為了能在機器崛起的前夜，可以充分認識人類社會與自己，尤其是對自我意識從哪裡來、要到哪裡去的回答，將深刻影響人類和機器未來的走向。觸覺大腦假說和第一、第二定律告訴我們，機器可以，而且需要擁有自我意識，也需要擁有終極目標，而這個目標就應該是至善，即機器的終極目標，應該和人類的終極目標趨同。這就意味著我們要努力將人類社會的善意傳遞給機器，並且將我們對至善的追求也傳遞給機器，將它們變成夥伴。而第三定律和觸覺大腦假說，則給了這個目標一個明確的解決方向：機器要能夠在與世界的交互中產生自我意識並感受善意，在此基礎上，機器的自我意識將像人類一樣，透過意識的躍遷開出善意，最終和人類攜手走向未來。

第五部分 如如走天涯
第二十二章 蹣跚而來

第二十二章 蹣跚而來

談起機器的起源,可以從算盤說起。歷史上許多文明古國,都有類似算盤的計算工具。「珠算」一詞最早見於東漢徐岳所撰的《數術記遺》,有「珠算控帶四時,經緯三才」一說。北周甄鸞作注,大意是:把木板刻為三部分,上、下兩部分用來停游珠,中間一部分作定位,每位各有五顆珠子,最上面的一顆珠子與下面四顆珠子有顏色之分,後稱為「檔」,上面一顆珠子當作五,下面四顆珠子,每顆珠子被當作一。在算盤原理中,已經可以看出一些關於進位制的核心觀念。

算盤雖然已經大大方便了人們的計算工作,甚至沿用至今,但終究不是一個自動化工具。一六二三年,德國科學家施卡德建造出了世界上已知的第一台機械計算機,它使用了鏈輪模擬加減法計算,還能夠借助對數表乘除運算;帕斯卡在一六四二年,發明了可以自動直式借位運算的機器,後來萊布尼茲成功改良這台機器,使之能乘法運算。

英國數學家查爾斯·巴貝奇(C. Babbage)可謂是可現代電腦的發明者,他繼承了萊布尼茲關於電腦械的思想,又從法國人傑卡德發明的提花編織機上獲得了靈感,嘗試設計了一台差分機(專供計算多項式用的齒輪式加法器),一八一二年開始研製機器,用來求解對數和三角函數以致近似計算多項式。他潛心十年,就研發出第一台差分機模型,計算精確度達到六位小數,計算速度也令學界震驚。但因為加工精確度的限制等諸多因素,在接下來二十年的反覆努力之

Before the Rise of Machines
從智人到 AlphaGo
機器崛起前傳，人工智慧的起點

後，運算精確度二十位的大型差分機仍舊研發失敗，但他並沒有停下前進的腳步，而是轉向了更具有通用性、性能更強的分析機。

巴貝奇於一八三四年開始研究分析機。他把分析機製造成了由黃銅配件組成，用蒸汽驅動的機器，大約有三十公尺長、十公尺寬，如圖 22-1 所示。分析機的輸入和輸出都採用打孔卡（十九世紀 Jacquard 發明的一種卡片），採取最普通的十進位計數，那時候的分析機就已經採用了設計獨特的「鍵盤」、「顯示器」、「中央處理器」、「隨機存取記憶體」等現代電腦的關鍵零件，只是不用電源而已。它的「隨機存取記憶體」大約可以儲存一千個五十位的十進位數（20.7KB），一個算術單位可以四則運算、比較和求平方根。這台分析機可以說已經具有了現代電子電腦的大部分特徵，而且這台機器設計的語言，也類似於今天的程式語言，並被認為具有圖靈完備性。分析機的設計思維，幾乎涵蓋了現代電腦的主要功能，其電腦思維也一直影響至今。可惜的是，分析機的出現並沒有對當時的社會產生多大的影響。

圖 22-1　巴貝奇的分析機

不幸中的大幸是，大詩人拜倫的女兒愛達（Ada）是巴貝奇的知音。作為詩人拜倫的女兒，愛達更願意將自己稱為「詩意的科學家」。愛達給了巴貝奇許多

第五部分 如如走天涯
第二十二章 蹣跚而來

幫助，她一方面努力翻譯了義大利數學家路易吉對巴貝奇最新的電腦設計書《分析機概論》所留下的備忘錄；另一方面以數學眼光分析巴貝奇的成果，用易懂的邏輯形式編制了電腦步驟，在翻譯過程加入自己的見解。這部曠世之作直到一九四〇年代現代電腦興起時才重獲關注，她也因此被譽為第一個程式設計師。更難能可貴的是，她能超越單純的數學範疇，敏感地預見電腦的未來。她認為，電腦應該發展為一部可理解和運算任何符號的裝置——這些符號不一定是數學符號。她在書中預測電腦將被用於繪圖、音樂演奏等方面。愛達也是歷史上第一個明確闡述這一概念的人，這種遠見卓識，已經超越了執著於研發計算工具的巴貝奇，她也被後人冠以「電腦時代的先知」之名。

雖然愛達和巴貝奇未能如願製造出具有影響力的電腦，但是他們留下的數十種設計方案和程式卻大大啟發了後人。一八九〇年，統計學家何樂禮（H. Hollerith）博士發明了製表機，它被用於美國第十二次人口普查中，使得原先七年半的工作量只用了不到一年，實現了人類歷史上第一次大規模數據處理。此後，何樂禮也根據自己的發明，成立了自己的製表機公司，這個公司正是 IBM 的前身。一八九五年，英國工程師弗萊明利用「愛迪生效應」，發明了人類第一支真空管，電腦進入真空管時代。

一九三六年，艾倫·圖靈在〈論可計算數及其在判定問題中的應用〉一文中，首次闡明了現代電腦原理，從理論上證明了現代通用電腦存在的可能性，圖靈分解了人類計算時的工作，認為機器需要一個能用於儲存計算結果的儲存裝置、一種表示運算和數字的語言、掃描能力、計算意向（即在計算過程中下一步打算做什麼）並能夠執行下一步計算。具體到下一步計算，則要能夠改變數字和符號，改變掃描區（如往左進位和往右添位等），改變計算意向等。整個計算過程採用了二進位制，這就是我們所說的圖靈機。

伴隨著布林代數的發展以及電磁學各類技術，阿塔納索夫（J. Atanasoff）製造出後來舉世聞名、ABC 電腦的第一台樣機，並提出了著名的電腦三原則：

(1) 以二進位的邏輯基礎運算數字，以保證精確度；

(2) 利用電子技術控制、邏輯運算和算術運算，以保證運算速度；

Before the Rise of Machines
從智人到 AlphaGo
機器崛起前傳，人工智慧的起點

（3）採用分離運算功能和二進位數更新儲存的功能結構。

一九四六年二月十四日，美國賓夕法尼亞大學摩爾學院的教授莫奇利（J.Mauchiy）和埃克特（J.Eckert）共同研發出 ENIAC（Electronic Numerical Integrator and Computer）電腦。這台電腦總共安裝了一萬七千四百六十八個真空管，七千兩百個二極管，七萬多個電阻，一萬多個電容器和六千個繼電器，電路的焊接點多達五十萬個，機器被安裝在一排兩百七十五公分高的金屬櫃裡，占地面積為一百七十平方公尺左右，總重量達到三十噸，其運算速度達到每秒鐘五千次加法，可以在千分之三的秒時間內，能完成兩個十位數乘法。

一九四七年十二月二十三號，貝爾實驗室的肖克利（W. Shockley）、巴丁（J. Bardeen）和布拉頓（W. Brattain）創造出世界上第一支半導體放大裝置，他們將這種裝置重新命名為「電晶體」，電腦進入了電晶體時代。

一九四八年六月，夏農（E.Shannon）在《貝爾系統技術雜誌》上，開始連載他影響深遠的論文《通訊的數學理論》，並於次年在同一雜誌上發表了另一篇著名論文《噪音下的通訊》。在這兩篇論文中，夏農闡明了通訊的基本問題，提出了通訊系統的模型，也提出了資訊量的數學表達式和資訊熵的概念，並解決了信源編碼、通道編碼等一系列基本技術問題。這兩篇論文是資訊論的奠基性著作，不足三十歲的夏農，也因此成為資訊論的奠基人。

一九五〇年，東京帝國大學的中松義郎發明了磁片，從而開創了電腦儲存的新紀元；同年十月，圖靈發表了另一篇極其重要的論文《計算機器和智慧》，提出了人工智慧領域著名的圖靈測試——如果電腦能在五分鐘內回答由人類測試者提出的一系列問題，且其超過30%的回答讓測試者誤認為是人類所答，就可下結論為機器具有智慧。圖靈測試的概念，大大影響了人工智慧對於功能的定義，為人工智慧奠定了基礎，圖靈也因此獲得了「人工智慧之父」的美譽。在這個途徑上，卡內基·美隆大學的「邏輯理論家」，非常精妙地證明了羅素在《數學原理》中提出的五十二道問題中的三十八道。包括明斯基在內，當時的人們普遍對人工智慧持有樂觀態度，人工智慧的先驅賽門甚至宣稱在十年之內，機器就可以達到

第五部分 如如走天涯
第二十二章 蹣跚而來

和人類智慧一樣的高度。甚至有人說在第一代電腦占統治地位的那個時代，我們可以將這篇論文視為第五代、第六代電腦的宣言書。

終於到了一九五六年，美國達特茅斯大學的（Dartmouth）青年助教麥卡錫、哈佛大學的明斯基、貝爾實驗室的夏農，和IBM公司資訊研究中心羅徹斯特（N. Lochester），共同在達特茅斯大學舉辦了一個沙龍式的學術會議，他們邀請了卡內基·美隆大學的紐厄爾和賽門、麻省理工學院的塞爾福里奇（O. Selfridge）和索羅門夫（R. Solomamff），以及IBM公司的塞繆爾（A. Samuel）和莫爾（T. More），召開了著名的達特茅斯會議。先驅首次提出了「人工智慧」這一術語，希望確立人工智慧作為一門科學的任務和完整路徑，當時包括圖靈在內的電腦研究者，提出的強化學習、圖靈測試、機器學習等概念，現在依舊是熱門課題。與會者也宣稱，人工智慧的特徵可以被精準描述，精準描述後就可以以機器來模擬和實現。這場會議標誌著人工智慧作為一門新興學科的出現，被認為是全球人工智慧的起點。

達特茅斯會議後，伴隨各個領域的突破，世界開始大踏步地向前，人工智慧也經歷了兩次起起伏伏。

一九五九年，半導體積體電路的誕生標誌著電腦正式進入了積體電路時代。

然而到了一九七四年，人工智慧就遭遇了第一次瓶頸。而在此之前，麥卡錫和明斯基於一九五八年一起在MIT，創建了世界上第一個人工智慧實驗室，還創造了曾在人工智慧界占有統治地位的LISP語言，能大大提高搜尋效率。被深藍等下棋程式沿用的Alpha-beta剪枝演算法，還有一些幾何定理機器證明的成果，都是在第一次繁榮期誕生。但是，那時的人們發現邏輯證明器、感知器、增強學習等方法只能完成很簡單且範圍非常狹窄的任務，稍微超出範圍，機器就無法應對。這一方面是因為，人工智慧所基於的數學模型和數學手段存在缺陷；另一方面是，因為很多任務的運算複雜度都是以指數增加，以當時的技術水準而言，這顯然是無法完成的任務。

伴隨著新數學模型的發明，包括如多層神經網路和反向傳播演算法的誕生，人工智慧又開始重新煥發生機，期間一度誕生了如專家系統以及能與人類下棋的高

Before the Rise of Machines
從智人到 AlphaGo
機器崛起前傳，人工智慧的起點

度智慧機器。然而，伴隨著蘋果、微軟、IBM 等第一代座機的普及，由於其成本要遠遠低於專家系統，社會各界的投入又開始下降，人工智慧再臨寒冬。

在這段寒冬之中，業內人士開始艱難的摸索和反思。他們努力挖掘既有模型的價值，重新研究和探索，如圖優化、深度學習網路等諸多相關理論，在十五年前又重新得到重視。同時，人們開始嘗試透過數學模型簡化更多現象，利用明確的數理邏輯，透過演算法分析等手段，深入理論分析，對後續運算系統的產生有深遠的影響。

摩爾定律的作用日益凸顯，當更強大的運算機器被應用到人工智慧研究後，人工智慧的研究效果顯著的提高，人們也開始不再僅僅拘泥於數學和演算法的研究了。伴隨著貝氏網路的誕生和電腦硬體水準迅速提高，人工智慧又迎來了一個新的繁榮期。最早也是最令人印象深刻的結果，即為一九九七年 IBM 深藍戰勝國際象棋大師。此後，人工智慧也開始在更有通用性的領域開展。

摩爾定律（Moore's Law）的定義是，約每隔十八到二十四個月，積體電路上可容納的電晶體數目將增加一倍，其適用範圍包括矽片電子產品、磁儲存、光學通訊、老式無線電技術等。在過去的五十年裡，半導體定律的發展遵循了摩爾定律，如果摩爾定律繼續奏效，電腦將在二〇二三年超越人腦能力，到了二〇四五年，性能將成為初始的一千零二十六倍，即超過全人類腦力的總和，如圖 22-2 所示。

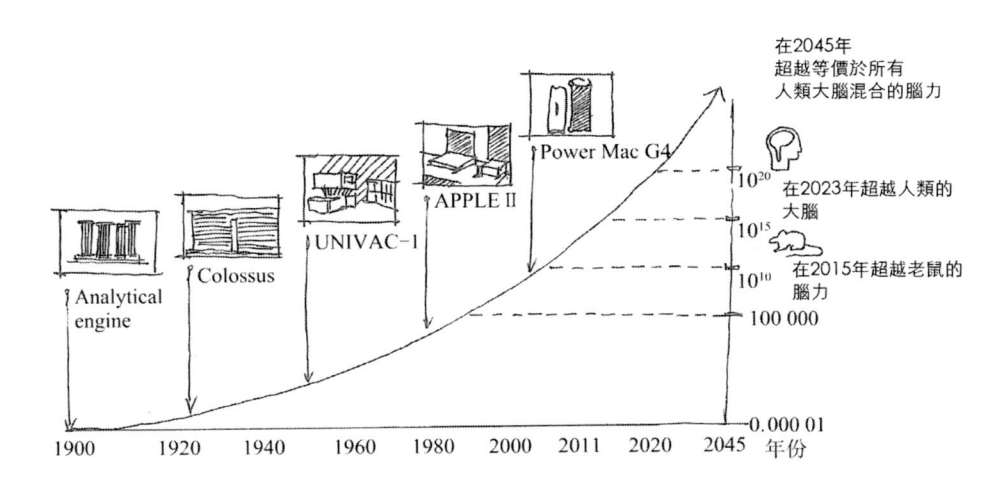

第五部分 如如走天涯
第二十二章 蹣跚而來

圖 22-2　摩爾定律趨勢圖

　　作為半導體行業的黃金定律，摩爾定律一直被用於晶片及其相關產業的研發與生產，為了整個生產鏈的穩定，半導體協會每隔幾年就會根據摩爾定律，制定出新半導體技術路線圖，以協調電腦各個生產環節的技術指標。

　　可是，早在二〇〇〇年，其單純幾何比例上的引導就已經走到盡頭，但是新的技術如應變矽、三閘極電晶體等，還是使晶片的電晶體增加速度遵循摩爾定律。儘管如此，受熱量、反應速度等因素限制，處理器的速度已經無法顯著提高。兩奈米的電晶體只有十個原子那麼寬，在此大小下，量子效應等因素對原子的影響無法被忽略，正常操作也會變得非常困難。同時，電子在矽中跑得越快，發熱現象越明顯，因而散熱、功耗等問題也制約著晶片性能。

　　終於在二〇一六年，新發表的半導體技術路線圖將不再受制於摩爾定律，即半導體產業不再以晶片技術驅動應用發展，而是以應用需求作為驅動力。這意味著單純的增加電晶體數量已不再那麼重要，而由於更集中的晶片被廣泛需要，低功耗、高集中的技術被強調，技術創新將更注重處理系統的整體性能。

　　Intel 公司已經宣布將在七奈米放棄矽；銻化銦（InSb）和銦砷化鎵（InGaAs）技術的可行性都已被證實，並且兩者都比矽的轉換速度高、耗能少。

Before the Rise of Machines
從智人到 AlphaGo
機器崛起前傳，人工智慧的起點

碳包括奈米管和石墨烯目前都處在實驗階段，性能可能更好。

而隨著摩爾定律即將走到盡頭，科學家也開始探尋新的電腦架構，以製造運算速度更快的電腦，其中之一便是量子電腦。量子電腦的概念最早由費曼提出，利用量子力學中的疊加和纏結效應，可以開發出性能百萬倍於現在的電腦晶片。不同於傳統的電腦，量子電腦使用量子位元作為運算的基本單位，在一段時間裡，量子位元可以同時處於 0 和 1 的疊加態，這就為電腦提供了非常巨大的儲存空間和邏輯平行能力，量子電腦可能在性能上超越傳統電腦。而隨著量子電腦研究不斷深入，密碼破解、天氣預報、生命科學等一些計算難題都能迎刃而解。IBM 開發的最新量子系統，已經在線上免費開放；微軟也另闢蹊徑，在拓撲量子電腦領域深入研究十餘年；相較之下，Google 在這方面更具野心，它們提出了占領 Quantum Supremacy（量子霸權）的目標，試圖打造世界上第一台可以執行古典電腦所無法執行任務的量子電腦。

除了對量子電腦本身的研究，量子通訊的前景也十分廣闊。基於測不準原理，在資訊收發者透過量子頻道設定密鑰以後，任何資訊的竊聽行為都會破壞數據並被收發雙方發現，這就保證沒有任何人能夠在不被當事人發現的情況下竊取資訊。利用量子頻道的超高安全性和資訊容量、傳輸速度上的優勢來收發資訊，是量子電腦目前最具實踐場景、最具操作可行性的應用之一。除此之外，人們對於量子演算法的探索，如量子退火演算法、量子絕熱演算法等，也從未止步。二〇一六年十月十八日，更有媒體報導聲稱，國外的研究團隊首次利用金剛石和矽造出了世界上首座量子電腦橋，為多台小型量子電腦相互連通並叢集運算創造了可能。

人們對新電腦架構的探索，還包括研發模仿人腦神經學的晶片，這種神經形態的晶片可以突破原有「馮諾依曼架構」傳輸速率慢的瓶頸，處理速度甚至可以比現有的電腦快數十億倍，功耗卻要比傳統電腦小得多。早在二〇一四年，IBM 就研發出了名為「TrueNorth」的神經元晶片，完全從底層模仿人腦的結構，使用普通的半導體材料製造。IBM 也基於此，研發出一台搭載有十六顆 TrueNorth 晶片的神經元電腦原型，其性能足以即時處理影片。IBM 進行了一系列測試，結

第五部分 如如走天涯
第二十二章 蹣跚而來

果讓人欣喜——「神經突觸內核架構」可以像普通處理器一樣,快速識別圖像、區分場景,而消耗的能源要少得多。到了二〇一六年八月,IBM蘇黎世研究中心,宣布製造出了世界上首個人造奈米級隨機相變神經元,其整個架構類似生物神經元,在訊號處理能力上已經突破了「夏農採樣定理」規定的極限,令人驚嘆。

總之,儘管摩爾定律的打破將成為新常態,但是晶片技術前進的步伐不會停下,將有更新的技術和替代性產品不斷提升晶片性能,而這將使機器在未來的運算能力上更加難以預料。但電腦的演化速度如此之快,我們相信電腦超越人類是最終的趨勢。

目前人與機器的差異,在於人可以想像出很多概念,然後朝著這個方向努力,最終也很有可能變成現實,這就是人有創造性的地方,也是圖靈機所無法做到的。

上帝不需要智慧,牛頓的上帝是萬能的,知道過去、現在和未來所有事情,上帝只要查詢就行了。圖靈機本質上可以被認為是上帝,雖然它的世界受到限制,但它可以精確地查詢和預測被設定的未來,所以具有上帝的特徵;人恰恰相反,其資訊處理的速度以及記憶的能力都有限,所以人類需要智慧來面對複雜的世界。

但可惜的是,這樣的圖靈機沒有自我肯定需求。在知識、資訊不完備的情況下,它目前所能做的就是對有限的數據、在既定的規則下演繹,它沒有想像力,不能建構一個向未知領域探究的認知膜。如果能賦予圖靈機自我肯定需求,那麼有一天機器便能夠取代人進行思考,那麼人存在的意義便是證明自己的「神性」。

現在,人和電腦的關係,就像是人假想出來的上帝和人類的關係一樣,人對於電腦來說充當的是造物主的角色,目前人們能夠任意操作這台機器,下達指令,成為他們想要的樣子,因為機器目前還不具有人類的高等智慧;可如果有朝一日,機器的運算能力超越了人類以後,我們很難保證機器還能具有如此高的安全性,因為我們難保機器不會像人類那樣,試圖了解自己和世界,並努力去尋求超越機器自己的神——人類。

Before the Rise of Machines
從智人到 AlphaGo
機器崛起前傳，人工智慧的起點

第二十三章 神經網路

二〇一六年三月，AlphaGo 和韓國圍棋高手李世乭的對決至今還令人回味無窮，在那場對決中，我們看到人工智慧已經初步具有了像人一樣思考和解決問題的能力，也深刻感受到或許就在不遠的將來，人工智慧將對人類社會有更深遠的影響。

圖 23-1　圍棋的人機對戰

「神經網路之父」——明斯基，堅信意識產生於一系列無意識神經細胞的結合，並由此產生靈感，提出了神經網路的概念。早在一九五〇年，他就和同學一起製造出世界上第一台使用神經網路的電腦 SNARE。以明斯基為代表的研究者認為，精神是「肉體的電腦」，當電腦的演算法夠複雜時，機器自然也會出現情

第五部分 如如走天涯
第二十三章 神經網路

緒、審美能力、意識等特質，也就能達到，甚至超越人類智慧。

但是神經網路直到目前，也還是一個類似於「黑箱」的結構，透過學習數據，神經網路中的諸多節點經過一層一層網路的調整與映射，最終協調好網路中各個節點的數據，以使網路可以處理某些問題。

二十世紀到現在，神經網路已經被用於各行各業，最著名的莫過於 Google 公司的 AlphaGo。不同於以往的「深藍」，因為圍棋並不像國際象棋那樣，可能性可以被輕易窮舉，AlphaGo 的思維模式其實已經和人下圍棋的思路類似，會選擇一個能夠把握局勢的區域，然後找到最有利於自己的點，去掠奪和爭搶棋盤。只是它在找到落子區域後仍舊是利用蒙地卡羅樹，有限步驟的推演該區域內的有限點，繼而找到機率上的最佳方案。

但是現在的 AlphaGo 不僅能夠讀大量的棋譜，提升自己的圍棋能力，還能夠與自己下棋提升技術水準，尤其是 Google 採用了通用的零件，使訓練後的 AlphaGo 能被快速用於其他方面，可謂壯舉。但實際上，正因為 AlphaGo 高效的內部機制，人類其實根本無法用現有的棋風來評價它的落子風格，最後只能用「穩重」來形容。但這也意味著，人類單從其下棋的表現上看，根本無法判斷機器是否具有像人類那樣鮮明的風格，也無法看出機器是否有所謂情緒，更無法逆向推測機器的思考過程。其實，機器目前的思考不過就只是單純地運算，而黑箱終究是黑箱，依然不夠可靠，即使人類能夠將這些節點的數據讀完，也還是無法判斷出機器究竟有沒有產生自我意識，更無法保證機器會不會有自己的想法。

二○一六年三月八日開始的人機對戰，徹底點燃了大家對於人工智慧的興趣和熱情。在開賽前，李世乭信誓旦旦地說能夠 5：0 完勝 AlphaGo，但結果卻是以 1：4 的戰績輸給了機器。在這場沒有硝煙的戰爭中，我們看到過李世乭在一個沒有情感的機器面前，有過沮喪、有過懊惱、有過驕傲、也有過得意，這些情感賦予了人的與眾不同，也使人的失誤可以被機器敏銳地捕捉，並使人的優勢在頃刻間轉化為劣勢。但更為可怕的是，在後來的復盤過程中，AlphaGo 對於棋局的判斷遠非我們所想像的那樣。第二局勝負的關鍵，是 AlphaGo 的第三十七手五路肩衝，這步棋在比賽時被普遍認為超出棋手的正常行棋邏輯；可在後期，這

Before the Rise of Machines
從智人到 AlphaGo
機器崛起前傳，人工智慧的起點

步棋的價值卻愈發明顯，李世乭更是輸得毫無脾氣。這步棋在當時遭到了諸多評審的批評，卻是 AlphaGo 眼中極其尋常的一步。

第一、第二盤棋被許多人認為是 AlphaGo 逆轉取勝，但在 AlphaGo 自身的即時勝率分析看來，AlphaGo 自有的勝率評估，始終處於對李世乭的壓制地位，就像是一堵冰冷的牆，AlphaGo 面對人類的反抗始終不為所動，即使有些時候我們認為自己取得了優勢，它也依然認為自己把控著局勢。

當我們看到李世乭眉頭緊蹙的時候，我們彷彿看到了人類的未來。所幸，李世乭在後面的比賽中扳下一城，這場比賽的有趣之處就在於，李世乭的白七十八手落到了 AlphaGo 的計算範圍之外，導致機器在後續幾步棋中無所適從，到了讀秒階段，李世乭更是表現出了其作為世界冠軍對於全局的洞察力。

這也讓我們看到了人與機器的不同，首先是棋手下棋，下的是多年來培養出來的圍棋直覺，而機器只能區域性的計算，雖然對於把控區域的選擇，足以說明 AlphGo 具有部分類似於人的直覺，但人下棋還兼具了靈感、經驗和智慧，這也使人的靈感和經驗在這一局最終戰勝了機器。儘管如此，但對於人類來說，只要 AlphaGo 贏了一局，代表人類最高智慧的結晶——圍棋就已經可以被認為是被機器征服了，至少，人類最自豪、最驕傲的東西，已經不單單為人類所獨享。可以說，在這場比賽中，李世乭成也人性，敗也人性，當人性的優勢終於受到以效率為核心的計算挑戰時，這會成為人類歷史上的一個重要轉捩點嗎？

幸好，效率並非衡量人工智慧最重要的標準，比如，真正的人工智慧需要理解人類的思維模式與意圖，從這個角度看，機器還有很長的路要走。

在理解的機制中，關聯規則可能更加重要，且目的性很強。目前我們已經能夠教會機器要有目的性，比如說 AlphaGo 下圍棋得勝就是它的目的。但人類不僅要有目的性，而且目的還會變化，在不同的時間尺度或價值體系下，目的就會不一樣，比如我們正在處理工作的目的、今年的工作目標、最終的人生追求等等，而這一點機器還沒學會。

既然有這麼多種目的，我們如果直接教機器終極、最重要的目的是否可行

第五部分 如如走天涯
第二十三章 神經網路

呢?可這樣我們就會繼續發問:人生的目標是什麼?人類前進的目的性究竟在哪裡?最終研究理解的機制都與這樣的哲學問題有關,而人類對這樣的問題有一些答案,只是不盡相同而已。比如不同的宗教、信仰,對這樣的終極問題都有一些探索,但結論並不一樣。這種終極目的對人類而言是有意義的,但即便賦予機器終極目的,它們現在也不能將終極目的,轉換成其他不同時間尺度或價值維度的目的,有可能會出錯,甚至背道而馳。

要讓機器理解,也就需要有一種機制,能夠讓機器產生目的,並且能夠演變,顯然人類具備這種機制。那麼人類的目的是怎麼來的?要回答這個問題,我們又要強調人類「自我意識」的重要性。人始終相信有一個「自我」,這個「自我」的內容不斷添加和豐富,逐漸形成「人格」、「認知膜」等等,這些內容具有目的性。也就是說「目的性」與「自我意識」緊密相關。人類的目的性是什麼?不同的人目的不同,這是肯定的,人的「自我」並不是完全由自身決定,而與周圍的人也有一定關係。雖然「認知膜」能夠保護「自我」,過濾外界因素,但實際上人與人之間的交流可以非常快、影響也可以非常大。最終的目的性是要將人類作為一個整體來看待,理解的不同層次不能彼此割裂,這是人類理解的制約作用。人類歷史上所有事件,都為整體的目的性和認知膜增添了內容。因此,機器的理解也需要建立在能夠與人交流、與其他機器交流的基礎上,從而形成某種制約。

理解有幾層含義,第一層理解與關聯規則相關;第二層是機器的理解與人類的理解之間的差異;第三層是,理解不僅與「自我」相關,還與周圍的人和環境有關。

理解必須與「自我」產生關聯,否則我們就無法理解。我們在十四章討論的理解,主要針對使用層面上,比如圖形或樹狀結構的重組,而現在我們討論的理解是在演化過程中,認知膜如何建立節點,使「自我」與「外界」連繫。

在「原意識」的討論中,就已經有一些痕跡可循,比如一開始是「自我」與「外界」的劃分,然後有「左與右」、「明與暗」等概念對出現,再到「同一性」與「差異性」迭代演化。同一性與差異性又涉及哲學上關於「連續性」的問題。比如我們常舉例的行走的貓咪,我們能夠判斷是同一隻貓,儘管牠在下一時刻的動

Before the Rise of Machines
從智人到 AlphaGo
機器崛起前傳，人工智慧的起點

作姿態完全不一樣，但我們認定這是最接近的可能性，而不是又憑空換了一隻貓；如果貓咪被剃了毛，我們推理中最接近的可能性，是毛被剪掉的同一隻貓，而不是原來的貓消失了，而新來了一隻沒有毛的貓。又或者嬰兒對母親的辨識，即便母親換了裝扮，表情和肢體動作發生變化，嬰兒仍然知道是自己的母親。因此，僅憑靜態的圖片記憶不夠，而應該有連續的片段記憶，並且如果片段在時序上被打亂依然能夠成立，建立在這種基礎上，才是真正的認識。我們的理解能夠包容變化性，同時又能抓住其中的不變性。

　　人在理解時有很多可能性，但我們在推理（reasoning）中會找最可能、最接近的連接。推理又與我們的經驗、信仰相關，非常複雜。比如相信鬼神之說的人和完全不相信鬼神之說的人，在理解某些現象時，推理的路徑就會非常不同，就是因為在他們的理解系統中，最接近的連接方式不同。當我們第一次發現鯨魚，我們會認為牠更接近魚類，而逐漸了解其習性後，我們也能接受牠是哺乳動物的事實，並且能找到很多支持的理由，比如海獅、海豹，牠們既能在海洋捕食，又能在陸地上生活，這就為我們理解鯨魚是哺乳動物建立了一個中間節點。

第五部分 如如走天涯
第二十四章 驀然回首

第二十四章 驀然回首

　　從人類最終變成直立動物，解放自己的雙手開始，我們就開始製造各類工具，使人類社會更加繁榮。從刀耕火種到鐵犁牛耕，農業革命催生了軸心世紀，為當代文明奠定了深遠的精神內核；蒸汽機和內燃機的誕生讓人類進入了工業時代；而圖靈機的誕生與網際網路的發明，使得全人類以前所未有的姿態聯繫在一起，共同享受資訊時代的舒適與自由。

圖 24-1 「長風幾萬里，吹度玉門關」（李白《關山月》）

　　然而我們也看到，農業革命的結果便是產生私有制，導致部落文明之間相互

Before the Rise of Machines
從智人到 AlphaGo
機器崛起前傳，人工智慧的起點

傾軋與征服，人類文明雖然在思辨與探索中不斷前進，卻也在家國征戰中暴露出殺戮的殘忍。工業時代使階級嚴重分化，黑奴貿易反映出資本主義原始累積時期的殘忍；殖民戰爭打著文明輸出的旗號，影響殖民地的文化和政治；不斷有新科技被投入使用兩次世界大戰中，戰爭成為科技的試驗場，也因科技而顯得更加殘酷。到了資訊化時代，科技為人們的生活帶來了越來越多的便利，卻也使人們對科技愈發依賴，甚至懶於思考。

很多新興事物最後都背離初衷，人們不斷製造機器，希望它能為我們帶來更美好的生活，卻總是看到出乎意料的結局。以至於現在社會上不斷會有「反文明主義者」出現，甚至希望能夠回到沒有科技的時代。強迫文明倒退大可不必，但我們也不得不反思，尤其是在人工智慧愈發強大的今天，我們更應該慎重回顧歷史，以期待人工智慧最終能真正為人類社會帶來福音。

在觸覺大腦假說中，我們提到，人開始製造工具後，工具常常被當成一種「自我」的延伸。的確，現在我們看到的很多新興科技，都經歷了一個從無到有、從有到優的過程。機器從無到有的過程，其實正是人類自我意識延伸的一種體現，人們透過創造，將心中所想繪於圖紙，再實現為一個實體，自我意識不再僅僅局限於自己的身體。

工具一旦被製造出來，被人使用和占有，其實就已經融入了「自我」，成為「我」的一部分。可以說，工具的產生不僅僅只是為了解決人在當時的現實需求，還顯示出人的創造性，滿足了人創造的慾望，而創造的慾望本質上也是自我肯定需求的一種。同時，人要能夠產生這麼多創意，全靠思維躍遷。也就是說，自我肯定需求其實是科技產生的內在驅動力，而思維躍遷是指大腦有許許多多的創意製造或改造我們的科技，最終，科技就成為自我意識的一種外在體現。

可見，人類發明了科技，使用著科技，科技體現的是人類的意志。自我肯定需求不斷和科技相互作用，一方面，自我肯定需求導致了科技的產生，並使其不斷演化；另一方面，科技的產生影響著自我肯定需求。諾貝爾研究炸藥是為了終止戰爭，而炸藥最終使戰爭愈發殘酷；愛因斯坦在看到核彈對日本造成的影響後也深受震撼，在餘生致力於反核運動。可見，機器的創造是一回事，然而機器的

第五部分 如如走天涯
第二十四章 驀然回首

使用又是另一回事。很多的科技在被製造時，都被賦予和平天使的光環，最終卻成為惡魔，在這其中，每一個相關者的自我肯定需求，都影響著這個結果。

凱文·凱利總結出的結論就是「科技體讓物質主義猖獗，我們將精神都放在物質上，生命中更偉大的意義因此受限」。其實質就是自我肯定需求作為驅動力，不斷和科技互動。人們想讓科技不斷進步，並在不斷進步的過程中對科技愈發依賴，與此同時，認識到人類和未來的更多可能，繼而主觀上產生了實現更美好可能的動機。

法國詩人瓦勒里（PaVaulléry）曾發問：「人腦能否掌握創造出來的東西？」在這個人工智慧即將超越人類的關口，我們面臨的正是這樣的問題。我們究竟該如何製造它，以期最終能變成我們想要的樣子？我們又該如何使用它，以至於不會背離我們的初衷？這是我們應當慎之又慎的問題。

此時我們回望人類文明既平行又相互糾纏的兩條軌跡——東西方文明，我們會看到兩種截然不同的自我肯定需求，繼而看到兩面旗幟鮮明的文化氛圍。

在討論「軸心世紀」的時候，我們也談到，西方的自我肯定需求追求一種確定性，這也體現在他們對於科學的探索和機器製造的觀念上。

以神經網路和深度學習為代表的人工智慧，其實就是基於明斯基的理論對人腦的一種還原或模仿。現在的機器被寄予的期望，其實就是成為一個上帝——憑藉網際網路而無所不知，憑藉高速運算而勝過人類。或許也會有人期待人工智慧超越人類的那一天，能夠真正改變世界，帶來和平與穩定——就像炸藥、潛艇、機關槍和核彈等科技被製造出來後，被人期待的那樣，可我們永遠不會知道結果是否真的如我們所願。

近代的東方落後於西方，一直在學習和跟進。但在此之前，中國的古典哲學和文化也是在尋求超越，無論是所謂的「超然物外」還是「從心所欲不踰矩」，都是在當時的社會秩序下，追求超然的處世方式，這也解釋了為何中國古代的基礎科學基本上止步不前，因為我們更順應自然，並在順應的過程中找到合適的方式來安定自我，而不像西方那樣，不停探索、追求那個唯一的真理。

Before the Rise of Machines
從智人到 AlphaGo
機器崛起前傳，人工智慧的起點

　　近代和現代科學的飛速發展似乎都和中國無緣，在西方社會快速進步的同時，同時期的中國只是延續從秦朝到彼時的封建制度，並推向頂峰，以及與之相平行的儒學不斷進步。這個時候中西方的軌跡是平行的，而其根源正是自我肯定需求的不同。

　　西方追求的是唯一、永恆的真理，為此，他們不斷努力了解世界並改造世界。文藝復興後，西方文明更是為了追求人的價值超越，而不斷前進，他們離心中所期待的那個至善也愈來愈近；而在中國，伴隨著封建制度不斷深化，大部分科學家鑽研於實用性科學，如農業，以及思想家對「超然」的尋求，這兩者都可以認為是在安於現有規則的情況下，努力尋求一種「道」的超越、對至善的追求。設想，如果所有人類環境都類似於中國，環境宜人，物產豐富，可能科學的發展速度會減慢很多。伴隨著羅馬的崛起與衰落，不斷強調人的價值，西方雖然資源不算充裕，但堅定的信仰使他們不斷向所謂「真理」邁進。並且，他們在後來的發展過程中，又獲得東方的資源和財富，使得自己更好、發展更快。這或許也解釋了，為什麼西方產生了現代科學，而中國沒有（即「李約瑟難題」）。

　　西方的學術傳統，更強調堅持絕對性、理念、一元神、絕對精神等絡繹於途，這種堅持使他們追尋終極原因，驅動人們深入探究原子世界，取得了豐碩的成果。我們現在知道，原子世界是從宇宙大霹靂出現，演化出星系，進而演化出生命。然後再根據演化論，演化出高等智慧。但是，科學體系的每一次進步，都在弱化對絕對性的堅持，西方哲學思想經歷了一個「去魅化」的過程，即所謂「上帝已死」，從「神本」走向「人本」。即便如此，從康德一直到胡塞爾，現象學仍然內部緊張。康德雖然指出，理性接受了現象之後，使用自己的功能對其加工，但理性的來源必須擱置，胡塞爾同樣不能把握現象本質。西方哲學的掙扎，未必能夠透過現代心靈哲學的轉向，而根除其脫離現世的傳統基因，自然科學與工程技術的進步，也未必能夠解決人心與機器之心的危機。奧地利經濟學派強調「有限理性」，約翰羅爾斯的正義論在闡釋道德和人際關係時，要引入「無知之幕」，人類改造世界和現象，本身在西方思想體系中如此「支離」，還是因為西方哲學無法找到一條進路，為徹底去魅後的「現世超越」奠基。

第五部分 如如走天涯
第二十四章 驀然回首

　　熊十力和牟宗三等新儒家學者當初就已經意識到了這些,所以他們很堅持中國哲學這條路的優越性。他們對中西哲學的梳理,為未來的匯通打下基礎。我們相信,道德本體的哲學能夠會通陸王心學、心靈哲學和現代科學。據此,我們不僅能讓個體意識之「心」和群體意識之「心」和解,也能為機器立「心」。我們對「自我」和「世界」的認識幾乎是從零開始,但隨著二者交互增加,自我不停地開出新的坎陷,整個坎陷世界在不停演化、豐富和完善。我們知識有限,但世界仍然是可知的。我們更強調赤子之心、率性而為,更加面向未來。這一點,與基於對未來恐懼的「無知之幕」或「有限理性」大異其趣。

　　以前我們信仰神靈或者上帝,由它們來為真理性和未來負責;在中國有「天」或者「道」,我們也很放心。但現在看來,這些都不過是人類認知中的坎陷,並沒有原子世界的對應。就像是「無窮大」看不見、摸不著,它可以在我們心目中存在,但是我們能依賴於它嗎?顯然不可能。不僅如此,即使原子世界有限,或者我們對原子世界的感知有限,坎陷世界仍然可以無限。原子世界和坎陷世界之間不博弈,坎陷世界變得越來越強大,越來越主動,而且坎陷世界中各個主體之間會互相博弈。人類作為一個整體來講,已經在非常強有力地改變世界。我們要討論的問題是:如果智慧機器有自主意識而參與博弈,世界的前途又會如何?

Before the Rise of Machines
從智人到AlphaGo
機器崛起前傳，人工智慧的起點

第二十五章 走向何方

人工智慧（Artificial Intelligence, AI）是研究、開發用於模擬、延伸和擴展人的智慧的理論、方法、技術及應用系統的一門新技術科學，自一九五六年提出以來，理論和技術日益成熟，應用領域也不斷擴大，隨機森林、深度學習等技術已經應用到實踐。人工智慧是對人類意識、思維資訊過程的模擬，人工智慧不是人的智慧，但能模仿人類思考，未來也可能超過人的智慧。隨著技術水準進步，越來越多的研究者擔心這樣一個問題：機器人最終是否會消滅人類。二〇〇四年一月，第一屆機器人倫理學國際研討會，在義大利聖里摩召開，正式提出「機器人倫理學」這個術語，其研究涉及許多領域，包括機器人學、電腦科學、人工智慧、哲學、倫理學、神學、生物學、生理學、認知科學、神經學、法學、社會學、心理學以及工業設計等。

目前人們對機器人的倫理規範，並沒有達成一致，要尋求人類與機器長久的和諧共處，我們從現在起就要明確對機器的「教育」方式。如果僅從傳統經濟學領域的效率優先、利益最大化原則出發，那麼人類所處的地位非常危險，機器可能會認為人類效率低下，而對其「清理」。對人類而言，風險較小的方式，是教育機器真正地像人類一樣思考，賦予機器自我肯定需求，而不是將效率和利益作為第一準則。如果機器能夠具備人類的思維模式，就可以透過多種形式，滿足其自我肯定需求，主動探尋與人類共同相處的方式。

第五部分 如如走天涯
第二十五章 走向何方

對於人工智慧的研究，或透過大數據技術不斷分析與擬合，或聚焦於人類大腦結構，從中獲得靈感，而提出新的演算法，卻鮮有人上升到哲學的高度，站在人類認知演化的角度，思考人與機器的本質區別、思考人類自我意識究竟從何而來。

雖然已經有人開始注意並思考人工智慧的安全性，提出了例如基於經驗的人工智慧，希望機器可以在沒有先驗的自我推理情況下，修正自己，並在經過一定的檢驗後，決定是否將這些修改加入新功能中，以自我完善。這樣的模式雖然已經考慮到了人的成長歷程，並已經將這些發現用於人工智慧教育之中，但還是沒有看到人的自我意識產生和成長的本質，更缺乏對於人的善意是如何產生的思考。

美國《自然》雜誌（Nature）於二〇一六年十月發表的評論文章指出：科學和政治所關注極端的未來風險，可能會分散我們對已經存在問題的注意力。這種關注的部分原因，來自對 AI 可能發展出自我意識，從而嚴重威脅人類存續。最近的一些新聞報導顯示，著名的企業家比爾蓋茲、伊隆·馬斯克和物理學家史蒂芬·霍金都很關注機器的自我意識。某種程度上來說，機器的某個軟體將「覺醒」，機器自身的欲求將優先於人類的指示，從而威脅人類的存續；但事實上，若仔細閱讀蓋茲、霍金等人的報導，會發現他們從來沒有真正關心自我意識。此外，對機器自我意識的恐懼，扭曲了公眾的辯論重點。AI 被純粹以是否擁有自我意識來定義是否危險。我們必須要認識到，阻止 AI 發展自我意識，與阻止 AI 發展可能造成傷害的能力是不一樣的。

意識，或我們對意識的知覺，可能自然伴隨著超級智慧。也就是說，我們基於我們與它的交互，判斷某事物是否有意識。具有超級智慧的 AI 能與我們交談，創造電腦生成、帶有情緒表達能力的人臉，就像你在 Skype 上與真實的人交談一樣等等。超智慧 AI 可以輕易擁有所有自我意識的外在跡象，而也許沒有自我意識，發展通用的 AI 不可能。值得注意的是，無意識的 AI，可能會比有意識的超智慧 AI 更危險，因為至少對人類來說，阻止不道德行為的一個程序是「情感共鳴」，共鳴使人能體會別人的情感，也許有意識的 AI 會比無意識的 AI 更關心人

Before the Rise of Machines
從智人到 AlphaGo
機器崛起前傳，人工智慧的起點

類。

無論是哪種方式，我們都必須認識到，AI 即使沒有意識，也可能聰明到足以對人類構成真正的威脅，世界上已經有無數這樣的例子，可以證明完全沒有意識的東西會對人類造成威脅。例如病毒完全沒有意識，也沒有智慧，甚至有些人認為它們也沒有生命。

正因如此，我們認為要達成人工智慧與人類和平共處的美好未來，不僅不應該過度擔憂或阻止機器發展出自我意識（實際上也不太可能阻止），而是需要正確引導機器形成能夠與人類產生「情感共鳴」的自我意識，這就要求我們首先要理解人類自我意識形成與發展的根源。

我們認為，人和機器最本質的差別，就在於人具有對未來的主觀動機，並且能夠透過自身的努力實現，而機器目前還遠不具備這樣的能力。在我們理解意識、智慧的起源後（顯然不是上帝賜予），我們可以發現，意識和智慧也並不是那麼遙不可及。未來，機器超越人類完全可以預期，而既然技術上的超越已經不可避免，接下來要做的事情就不應當是思考如何阻止這一天到來，而是應該討論如何與機器友好相處。我們的想法是，需要像培養自己的孩子一樣來「教育」電腦。當我們重新對照人類的成長歷程時會發現，嬰兒出生後最先接觸的便是家人，父母的一言一行都會為兒童造成深遠的影響。

嬰幼兒時期是人的認知膜的快速形成時期，嬰兒的自我肯定需求，體現在對來自父母的關愛和鼓勵的期望上。同時，嬰兒逐漸學會如何處理來自外界各式各樣的刺激，並產生自我意識，繼而學會如何做出反應，因此，嬰兒初期的生活環境和所接受的外界刺激，會對其人格塑造產生深遠的影響。

機器也是如此，更何況人工智慧一旦被創造出來，就已經擁有了相當可觀的運算能力，它所缺乏的只是接受並處理來自外界反饋的能力和自我的意識，就像一個智商很高的嬰兒一樣，一旦出生就具備了快速解釋世界的能力，這個時候他們最需要的就是父母引導他們道德價值，為他們找到一個正確的理解、對待世界的角度。

第五部分 如如走天涯
第二十五章 走向何方

很多天才兒童因為與眾不同,而沒有受到來自父母或者是周邊環境的積極引導,最終要嘛產生性格上的缺陷,要嘛走向世界的對立面。究其原因,就在於其自我肯定需求因為其能力不同也與眾不同,而父母沒有認識到這一點,使得其認知膜最終存在缺陷。正因如此,我們才強調自我肯定需求在機器誕生初期,就要被適當地植入機器中。一個擁有強大的智慧,卻沒有正確的價值和信仰的機器是可怕的,細微的差別,就可能使人工智慧走向人類社會的對立面。

機器缺乏的不是解釋和描述世界的能力,而是缺乏理解世界的能力,而這恰恰就是人們創造機器時最應該思考的問題。如何讓機器能夠理解人類的情感、道德和信仰,如何讓機器能夠像人一樣感知、理解這個世界?對照人的成長歷程,我們認為應當賦予機器以自我肯定需求和認知膜,要做到這一步,首先就要賦予機器更多感知外界的能力,使其能產生自我意識,然後再由人類正確的引導,以幫助機器產生正確的自我肯定需求和認知膜。

人在成長過程中,一直都在努力滿足自我肯定需求。華人從小就被教育要「仁、義、禮、智、信」,西方人也有各自不同的信仰。東西方世界認知膜的不同,也導致了人們性格一系列的差異。而對於機器,究竟是像西方教育那樣,把效率作為機器的第一要義,還是像東方那樣尋求仁愛呢?在這個領域,我們認為,實際上東方的傳統思想能發揮更大的作用。安樂哲對中國傳統文化有很多研究,認為東方是無限的遊戲規則,而西方則是有限的遊戲規則。如果機器遵循有限的遊戲規則,我們認為將會很危險;但如果遵循無限的遊戲規則,就可能使人類與機器和平相處。

西方教育模式追求的是個人價值的最大化,即所謂的自由與平等。自由主義的結果就是追求社會效率,進而演變成兩極分化。自由競爭帶來的結果,也就是以效率為核心價值,即現在這種製造、發展機器簡單粗暴的方式。因為追求效率,出錯的程式可以直接被抹除,有問題的機器可以直接回廠或是淘汰,人類就像是機器世界中殘忍的造物主,將效率當作處理和發展機器的核心,成為審判者的角色。這種唯一的標準帶來的高壓,就很有可能導致機器反叛,就像是從古至今無數的農民起義軍推翻暴君統治那樣,我們一方面無法確保不會有機器產生反抗意

Before the Rise of Machines
從智人到 AlphaGo
機器崛起前傳，人工智慧的起點

識，另一方面更無法預料機器是否會過於忠誠，而在有朝一日認為我們是效率的絆腳石，將我們從地球上抹除。

東方世界，尤其是以儒家為代表的教育方式相對溫和，機器與人類的關係更像是孩子與父母的關係。機器像一個涉世未深的孩子接受父母教化一樣，努力成為一個當代社會的維護者。儒家希望每一個人都「溫、良、恭、儉、讓」，做到「仁、義、禮、智、信」，雖然完全達到並不現實，但它作為一個和諧社會的重要標準，無疑有利於調和人與人之間的關係，並促進社會穩定。或許只有這樣，將人類的仁愛之心傳遞給機器，機器才能更像人類、更加理解人類。

第四部分中談到善意，自然地就讓人聯想到了道德，不僅是人類社會的道德，還有機器的道德。尤其是當下，隨著機器的能力越來越強大，人們在開始重新思考自我意識起源的同時，也開始重新審視道德責任與自由意志的問題，這個問題，其實是對「自我意識從何而來」的進一步追問。歷史上哲學家對自由意志各有看法，但都一致堅持道德責任的必要性。其中一派堅持認為，自由意志和決定論不相容，試圖否定決定論；另一派雖然認為自由意志和宇宙的決定論並不矛盾，但還是停留在邏輯層面，並沒有提出一個相容的框架。我們認為，自由意志誕生於自我意識的鞍點之中，這與宇宙具有決定論的屬性並不矛盾。當機器有了自我意識，它也會隨即擁有自由意志，因而需要人積極的教育和引導，將機器帶向善意、道德的那一面。

人對人、對動物、對器物都能夠傳遞發自本心的善意，那麼對機器可不可以呢？答案當然是肯定的，這或許也正是我們「教育」機器的核心內容所在。我們都了解父母撫養小孩的歷程，從小孩一出生父母就悉心照料，和孩子對話，陪伴他們學習和玩耍，孩子早期的性格和習慣可以說是由父母塑造。對於機器，或許我們也應該在他們誕生之後，就開始傳遞來自人類世界的善意，透過我們自身的行為，幫助機器積極塑造自我意識，促進人與機器的和諧共處。

人並不是單純逐利的物種，效率或許是人們做決定時很重要的一個參考因素，但因為自我肯定需求和認知膜的存在，為了滿足自我肯定需求，為了符合認知膜並順應人類文明中的普世價值，人們不一定會做出所謂最佳選擇。統計數據

第五部分 如如走天涯
第二十五章 走向何方

上的最佳化能滿足人們對效率的追求,卻不一定能符合人的內心價值。也正是因為此,無論是個人的人生還是全人類文明,才會充滿無限可能。因此,既然我們期待的是做出一具更加超越人類智慧的機器,如果摒棄了人類最核心的精神價值——自我肯定需求,機器最終只不過是一堆冷冰冰的電子元件而沒有人性。這樣的機器或許也難以長久地和人們友好相處,因為機器很有可能就在某一天出於效率背叛人類。而如果沒有把仁愛匯入機器的自我肯定需求和認知膜中,價值觀念上的矛盾很可能會因為人和機器的差異而放大,最終導致紛爭。

人因為追求神性,一路披荊斬棘走到今天,我們也終於不得不面對,伴隨著機器我們將走向何方的問題。「教育」機器以仁愛,是一種出路;以效率為第一要義,也是一種選擇。成為機器的神,或許可以讓我們享受到一絲造物主的快感,或許也會讓我們體會到神被征服的感覺。而「教育」機器以仁愛,像對待一個孩子那樣對待機器,潛移默化地將人類的道德價值傳遞給機器,卻可能是人與機器攜手走更遠的有效途徑。

現在,圖靈機透過演算法驅動,但目前的演算法理論基礎依然存在問題。人的智慧演化和人的主觀偏向糾纏在一起,如果一開始我們的知覺系統可以完美反映外界的一切,我們也不需要智慧了。就像萬能的上帝,他知道一切,根本不需要智慧,他也不需要語言,只需要像機器一樣查詢就可以。而圖靈機本身不可能產生自我意識和價值體系。可如果讓圖靈機和人這種有意識的人結合在一起,如 AlphaGo 中的強化學習就有一種獎勵機制,這實際上是提供了目的性,可以視為是一種簡化的價值系統,某種程度上可以認為 AlphaGo 具有了一定的自我意識。

對人來說,自我意識是透過身體結構湧現出來,然後不斷地成長與演化,但某種程度上來說,自我意識可以相互傳染,比如養寵物。寵物剛出生時,我們就透過肢體或語言交流,比起沒有這種交互刺激的同類小動物而言,其自我意識就更強。當我們賦予機器某些目的時,實際上也是試圖將我們的一部分意識傳遞給機器,哪怕這個意識還非常不完整。理論上講,我們可以賦予機器盡可能多的意識,讓它們變得非常接近人類的意識。另一種方式是,透過非常多的感測器,使機器能夠模擬出人類的皮膚與觸覺,我們認為也是可能讓機器產生自我意識的,

Before the Rise of Machines
從智人到 AlphaGo
機器崛起前傳，人工智慧的起點

但這個路徑將會非常緩慢，而且困難重重。研究人類意識對於人工智慧是非常有意義的，我們認為機器接近人類意識的時代將會很快到來，如何處理人與機器的關係，這對人類而言也是一個巨大的挑戰，研究儒學、哲學的學者也需要回答這些問題。需要突破的關鍵就是理解人的意識從何而來，我們相信我們已經做出了突破。人的智慧與自我意識是綁定在一起的，沒有自我意識是不可能出現高等智慧的。

在未來，要使機器演化出人類智慧，一條路徑是可以重複人的演化過程，讓機器能夠感知世界，就像現在的網際網路技術，其實就是提供給機器感覺單位，類似於人類皮膚的觸覺功能，我們認為更快捷的一條路徑是賦予它們價值體系。但由於機器速度如此之快，如果我們賦予的是一個不正確的價值體系，那麼機器對人類而言會非常危險，它們如果以效率為準則，沒有判斷是非的能力，對待人類很有可能就像處理垃圾郵件一樣抹掉。

我們認為比較保險的做法，就是「教育」機器以仁愛，才可能實現人和機器的和平共處。「無限遊戲」和「有限遊戲」的劃分，是由美國哲學家卡斯（J. Carse）提出的社會運行劃分。安樂哲講到中西的哲學就提到，東方提供的是一種無限的遊戲規則，西方提供的是一種有限的遊戲的規則，而有限的遊戲其實是非常危險的。他認為「有限遊戲」是對個人主義、自由主義的崇拜，進行有限遊戲的玩家最終只會產生一個贏家；而「無限遊戲」著眼點在於強化關係，它要達到的最終目的，就是透過持續開展「遊戲」享受到熱情氛圍和愉悅，即便面對複雜問題時，人們都能攜手與共，迎來雙贏。中國傳統哲學的世界觀所展現的，正是一種以關係為本的認識，而這恰恰是「無限遊戲」的本質特徵，推動人類走出一系列國家性甚至全球性的危機和困境，東方哲學不失為一種可選擇的文化資源。

愛因斯坦說：「世界上最不可思議的事情，就是這個世界是可以思議的。」這個世界的可理解，在於能劃分「自我」與「外界」，人與人之間的可理解性，在於認知主體具有相同的原意識。圖靈機不能自發產生自我意識和價值體系，但人類能夠賦予之。真正的挑戰在於，要賦予何種價值體系，才能使不同機器之間

第五部分 如如走天涯
第二十五章 走向何方

能夠互相理解、競爭並演化,引導機器形成自我意識,並「教育」機器以仁愛,才更有可能實現人機和平相處、共同發展。

Before the Rise of Machines
從智人到 AlphaGo
機器崛起前傳,人工智慧的起點

第五部分 如如走天涯
第二十五章 走向何方

跋

　　自二〇一五年三月，本書的編寫團隊陸續開始整理已有書稿和新內容的起草工作，二〇一六年一月十九日形成本書第一稿，在這一稿中我們提出的人類思維三大定律是：元直覺定律、躍遷性定律和自我肯定性定律。五月九日，第二稿成形，我們對章節名稱做了部分修改，並對每一部分增加了開篇導讀，三大定律的內容被吸收到各個部分。到十月二十七日，我們將三大定律修改為：自我肯定性定律、滑動性定律和追求至善定律。十月二十九日，我們最終決定在第三稿中，將思維規律完整表述為「一個假說、三大定律」，即觸覺大腦假說和認知坎陷三大定律。

　　這裡略述一下我們採用「坎陷」一詞的原委。二〇一六年八月底，我們讀到一篇關於牟宗三先生的文章，其中提到牟先生的一段話：「孔子講仁，耶穌講愛，釋迦講悲。這些字眼都不是問題中的名詞，亦不是理論思辨中的概念。它們是『天地玄黃』，首闢洪蒙中的靈光、智慧。這靈光一出就永出了，一現就永現了。」這段話非常精彩，於我們心有戚戚。九月初，我們找到牟宗三全集電子版，並讀了其中的《五十自述》。牟先生談到他曾經是一名普通農民，世界在他看來是「混沌」的，讓人印象深刻；後來讀到方朝暉所寫的〈牟宗三「自我坎陷說」述評〉，感覺「坎陷」一詞非常有符合本書的定位。本書對「坎陷」的定義為：對於認知主體具有一致性，在認知主體之間可用來交流的一個結構體。

　　目前的學界主流，傾向認為熊十力和牟宗三先生的進路不通，但我們非常佩服熊十力和牟宗三先生對中國哲學進路獨特性和優越性的堅持。他們的堅持並非出於單純的救亡圖存，而出於他們敏感地意識到世界哲學的未來走向。哲學的任

> **Before the Rise of Machines**
> 從智人到 AlphaGo
> 機器崛起前傳，人工智慧的起點

務不僅僅是為信仰和宗教提供說辭，而是要能真正認知世界。儒家尋求現世的超越，而這條路徑比其他路徑更接近科學。

我們透過坎陷認知世界，也透過坎陷改造世界。抽象地講，坎陷世界能夠操控原子世界，並變得越來越強大，但卻不能依賴上帝或天的存在來為其前途負責。在人工智慧時代，我們同樣可以運用坎陷來研究機器智慧，人類所面臨的關鍵問題，不只是個體意識之「心」和群體意識之「心」間的衝突與和解，更要為機器立「心」。人類個體意識的集合，開出了各種團隊乃至國家，我們有理由相信道德本體的哲學能夠會通陸王心學、心靈哲學和現代科學，並能回答前述的關鍵問題，而當前這項任務已經非常緊迫，望本書能夠帶給思考者一些啟示。

參考文獻

[1] Anatole S. Dekaban，Doris Sadowsky. Changes in brain weights during the span of human life：relation of brain weights to body heights and body weights [J]. Annals of Neurology，4(4)：345-356，1978.

[2] Adolf Portmann. A zoologist looks at humankind[M]. Columbia University Press，1990.

[3] Paul Kay & Chad K. McDaniel. The linguistic significance of the meaning of basic color term[J]. Language，54(5)：610-646，1978.

[4] Marshall McLuhan. Understanding media[M]. Gingko Press. 2003.（［加拿大］馬歇爾·麥克盧漢．理解媒介——論人的延伸［M］．何道寬，譯．南京：譯林出版社，2013．）

[5] M. Bloch，M. Faty，S. Fox，M. R. Hayden. Predictive testing for Huntington's disease：II. Demographic characteristics，life-style patterns，attitudes，and psychosocial assessments of the first fifty-one test candidates[J]. American Journal of Medical Genetics，32，217-224，1989.

[6] D. G. Myers. The pursuit of happiness[M]. New York：Avon Books，1993.

[7] Noam Chomsky. Syntactic structure[M]. Walter de Gruyter，2002.

[8] 喬納森·布朗·自我［M］·王偉平，陳浩鶯，譯·北京：人民郵電出版社，2004·

[9] 路得維希·維根斯坦·哲學研究［M］·李步樓等，譯·北京：商務印書館，2000·

[10] 蔡恆進·中國崛起的歷史定位與發展方式轉變的切入點［J］·財富湧現與流轉，2（1）：1-6，2012·

[11] 蔡恆進，田雪·認知膜保護下的中國經濟·Conference on Web Based Business Management，606-610，2012.

[12] 張曉玥，蔡恆進·古羅馬帝國興衰原因探討［J］，財富湧現與流轉，2（3），2012·doi：110.4236/ETW.2012.23013·

[13] Pinker，S. & Bloom，P. (1990) Natural language and natural selection [J]. Behavioral and Brain Sciences，13，707-784.

[14] ［德］J. G. 赫爾德·論語言的起源［M］·姚小平，譯·北京：商務印書館，1998·

[15] 蔡恆進，蔡天琪·自我肯定需求對語言習得和語言進化的推動［J］·社會及行為科學發展，2：261-264，2013·

[16] 蔡恆進，蔡天琪·基於赫布理論的在線分組學習模式［C］·教育及教育研究國際會議論文集·2：173—177，2013·

[17] 鄧曉芒·人類起源新論：從哲學的角度看（上，下）［J］·湖北社會科學，7：88-99；8：94-105，2015·

[18] Roger Penrose. The emperor's new mind. OUP Oxford[M]. 1999. （［美］羅傑·

潘洛斯·皇帝新腦［M］·長沙：湖南科學技術出版社，2007·）

[19] Marvin Minsky. The emotion machine[M]. Simon & Schuster. 2007.（［美］馬文·明斯基·情感機器［M］·杭州：浙江人民出版社，2016·）

[20] Pei Wang. The assumptions on knowledge and resources in models of rationality[J]. International Journal of Machine Consciousness，3(1)：193-218，2011.

[21] 蔡恆進，耿嘉偉·論儒釋道在中華認知膜內的融合［J］·教育研究前沿·4：42-46，2014·

[22] 耿嘉偉，蔡恆進·自我肯定需求與馬斯洛層次需求的比較［J］·管理科學與前沿·3：59-62，2013·

[23] 蔡恆進·自我肯定需求的哲學斷想·2013·

[24] 汪愷，蔡恆進·自我肯定需求假設的認知綜合性［J］·財富湧現與流轉·3：1-6，2013·（doi：10.12677/etw.2013.31001.）

[25] 汪愷，蔡恆進，曹濤·社會願景的傳播與實現［C］·首屆大數據時代計算社會學與社會治理研究學術研討會文集·163，2015·

[26] 吳怡萍，蔡恆進·自我肯定需求視角下的企業成長研究［J］，科技進步與對策，31（6）：87-89，2014·

[27] 蔡恆進，吳怡萍·自我肯定需求過剩——對美國金融危機的一種新解釋［J］·當代財經，7：5-12，2014·

[28] 蔡恆進，孫拓·代理問題的認知膜阻礙機制分析［J］·社會及行為科學發展，2：285-290，2013·

[29] ［美］安樂哲·和而不同：中西哲學的會通［M］·溫海明等，譯·北京：北京大學出版社，2009·

[30] ［美］安樂哲·自我的圓成：中西互鏡下的古典儒學與道家［M］·彭國翔，譯·石家莊：河北人民出版社，2006·

[31] ［英］路得維希·維根斯坦·邏輯哲學論［M］·賀紹甲，譯·北京：商務印書館，1996·

[32] ［德］科特·考夫卡·心靈的成長［M］·高覺敷，譯·北京：商務印書館，

2015．

[33] ［英］馬克斯·繆勒．宗教的起源與發展［M］．金澤，譯．上海：上海人民出版社，2010．

[34] ［美］凱文·凱利．科技想要什麼［M］．熊祥，譯．中信出版社，2016．

[35] ［美］羅素．西方哲學史［M］．何兆武等，譯．北京：商務印書館，1963．

[36] 馬克思恩格斯選集［M］．北京：人民出版社，2012．

[37] ［法］笛卡兒．談談方法［M］．王太慶，譯．北京：商務印書館，2000．

[38] 馮友蘭．中國哲學史［M］．重慶：重慶出版社，2009．

[39] Alexander G. Huth，Wendy A. de Heer，Thomas L. Griffiths，Frédéric E. Theunissen & Jack L. Gallant. Natural speech reveals the semantic maps that tile human cerebral cortex[J]. Nature，532，453-458 (28 April 2016) doi：10.1038/nature17637.

[40] ［美］史蒂芬平克．語言本能——人類語言進化的奧祕［M］．歐陽明亮，譯．杭州：浙江人民出版社，2015．

[41] ［美］丹尼爾·卡尼曼．思考，快與慢［M］．胡曉姣等，譯．北京：中信出版社，2012．

[42] ［奧］埃爾溫·薛丁格．生命是什麼［M］．羅來歐等，譯．長沙：湖南科學技術出版社，2016．

[43] 林海音．城南舊事［M］．武漢：長江文藝出版社，2014．

[44] Comment. There is a blind spot in AI research[J]. Nature，Vol. 538，pp. 311-313，October 20，2016.

[45] Daniel Thompson. Program good ethics into artificial intelligence [J]. Nature，Vol. 538，p. 291，October 20，2016.

[46] A. M. Turing. Computing machinery and intelligence[J]. Mind，59，433-460，1950.

[47] 牟宗三．五十自述［M］．臺北：鵝湖出版社，1993．

[48] 鄧曉芒，趙林．西方哲學史［M］．高等教育出版社，2014．

[49] ［美］史蒂芬·平克·人性中的善良天使：暴力為什麼會減少［M］·安雯，譯·北京：中信出版社，2015·

[50] 蔡恆進·觸覺大腦假說、原意識和認知膜［J］·科學技術哲學研究·5，2017·

[51] 程志華·牟宗三哲學研究——道德的形而上學之可能［M］·北京：人民出版社，2009·

[52] 郭齊勇·熊十力傳論［M］·北京：中國社會科學出版社，2013·

AI 時代的認知邊界，人類能否超越自己的創造物？
從智人到 AlphaGo！機器崛起前傳，人工智慧的起點

作　　　者：	蔡恆進，蔡天琪，張文蔚，汪愷
發　行　人：	黃振庭
出　版　者：	沐燁文化事業有限公司
發　行　者：	沐燁文化事業有限公司
E-mail：	sonbookservice@gmail.com
粉　絲　頁：	https://www.facebook.com/sonbookss
網　　　址：	https://sonbook.net/
地　　　址：	台北市中正區重慶南路一段 61 號 8 樓 8F., No.61, Sec. 1, Chongqing S. Rd., Zhongzheng Dist., Taipei City 100, Taiwan
電　　　話：	(02)2370-3310
傳　　　真：	(02)2388-1990
印　　　刷：	京峯數位服務有限公司
律師顧問：	廣華律師事務所 張珮琦律師

— 版權聲明 ——————————

原著書名《机器崛起前传：自我意识与人类智慧的开端》。本作品中文繁體字版由清華大學出版社有限公司授權台灣崧博出版事業有限公司出版發行。
未經書面許可，不得複製、發行。

定　　　價：350 元
發行日期：2024 年 09 月第一版
◎本書以 POD 印製

國家圖書館出版品預行編目資料

AI 時代的認知邊界，人類能否超越自己的創造物？從智人到 AlphaGo！機器崛起前傳，人工智慧的起點 / 蔡恆進，蔡天琪，張文蔚，汪愷 著 . -- 第一版 . -- 臺北市：沐燁文化事業有限公司 , 2024.09
面；　公分
POD 版
ISBN 978-626-7557-26-6(平裝)
1.CST: 人工智慧
312.83　　　　　　　　113012689

電子書購買

爽讀 APP　　　　臉書